"十三五"国家重点图书出版规划项目
改革发展项目库2017年入库项目

"金土地"新农村书系·现代农业产业编

蔬菜优良品种及实用栽培技术彩色图说

张长远　谢大森　罗少波　等编著

SPM 南方出版传媒
广东科技出版社｜全国优秀出版社
·广　州·

图书在版编目（CIP）数据

蔬菜优良品种及实用栽培技术彩色图说 / 张长远等编著．—广州：广东科技出版社，2018.9
（“金土地”新农村书系．现代农业产业编）
ISBN 978-7-5359-6942-2

Ⅰ．①蔬…　Ⅱ．①张…　Ⅲ．①蔬菜—优良品种—图解　②蔬菜园艺—图解　Ⅳ．① S63-64

中国版本图书馆 CIP 数据核字（2018）第 082536 号

蔬菜优良品种及实用栽培技术彩色图说
Shucai Youliang Pinzhong ji Shiyong Zaipei Jishu Caise Tushuo

责任编辑：罗孝政
封面设计：柳国雄
责任校对：陈　静
责任印制：彭海波
出版发行：广东科技出版社
（广州市环市东路水荫路 11 号　邮政编码：510075）
http：//www.gdstp.com.cn
E-mail：gdkjyxb@gdstp.com.cn（营销）
E-mail：gdkjzbb@gdstp.com.cn（编务室）
经　　销：广东新华发行集团股份有限公司
印　　刷：珠海市鹏腾宇印务有限公司
（珠海市拱北桂花北路 205 号工业区 1 栋首层　邮政编码：519020）
规　　格：889mm×1 194mm　1/32　印张 7.25　字数 180 千
版　　次：2018 年 9 月第 1 版
2018 年 9 月第 1 次印刷
定　　价：48.00 元

《“金土地”新农村书系·现代农业产业编》

编 委 会

本书编写人员

张长远　谢大森　罗少波　何晓明　林毓娥　彭庆务

罗剑宁　黄河勋　何晓莉　黎振兴　李植良　李　颖

陈汉才　陈琼贤　曹　健　李桂花　龚　浩　何裕志

郭巨先　张　艳　刘文睿

序　言

Xuyan

为贯彻落实党的十九大精神，实施乡村振兴战略，落实党中央国务院和广东省委、省政府的“三农”决策部署，进一步推进广东省新时代农业农村建设，切实加强农技推广工作，全面推进农业科技进村入户，提升农民科学种养水平，充分发挥农业科技对农业稳定增产、农民持续增收和农业发展方式转变的支撑作用，我们把广东省农业科学院相关农业专家开展技术指导、技术推广的成果和经验集成编撰纳入国家“十三五”重点图书出版规划项目、改革发展项目库2017年入库项目——《“金土地”新农村书系》的子项目“现代农业产业编”。

该编内容包括蔬菜、龙眼、荔枝、铁皮石斛实用生产技术及设施栽培技术、害虫生物防治、主要病虫害治理等方面。该编丛书内容通俗易懂，语言简明扼要，图文并茂，理论联系实际，具有较强的可操作性和适用性，可作为相关技术培训的参考教材，也可供广大农业科研人员、农业院校师生、农村基层干部、农业技术推广人员、种植大户和农户在从事相关农业生产活动时参考。

由于时间仓促，难免有错漏之处，敬请广大读者提出宝贵意见。

广东省农业科学院

二〇一八年一月

内容简介

Neirong Jianjie

本书以图文并茂的形式重点介绍了华南地区主要的瓜类、茄果类、豆类、叶菜类等蔬菜的优良新品种及其对环境条件的要求、栽培技术、病虫害防治技术等实用栽培技术。同时介绍了蔬菜集约化育苗技术、节水节肥技术及蔬菜病虫害综合防治技术等现代栽培新技术。本书内容翔实，技术实用，可操作性强，适合华南地区蔬菜种植户和基层科技人员阅读参考。

目 录

Mulu

第一章 瓜类蔬菜优良品种及实用栽培技术

第二章
茄果类蔬菜优良品种及实用栽培技术

第三章 豆类蔬菜优良品种及实用栽培技术

第四章
叶菜类蔬菜优良品种及实用栽培技术

第一章

瓜类蔬菜优良品种及实用栽培技术

第一节　黄　　瓜

黄瓜，别名胡瓜、青瓜、刺瓜、吊瓜，葫芦科一年生草本植物，原产于东印度。黄瓜栽培历史悠久，种植广泛，是世界性蔬菜。广东年种植面积约 50 万亩，是市销、北运、出口和加工的主要蔬菜品种之一。

一、优良品种介绍

（一）早青 4 号

早青 4 号

广东省农业科学院蔬菜研究所育成的华南型品种，为雌型一代杂种。生长势强，主蔓结瓜为主，全雌株率达 70% 以上。瓜圆筒形，瓜条顺直、匀称。瓜长约 24 厘米，横径 4.8 厘米，肉厚 1.4 厘米，单瓜重约 400 克，皮色深绿，有光泽，刺稀、白色，口感脆，风味清香，商品性好，耐贮运。早熟，从播种至初收，春季约 55 天，夏、秋季 35~40 天。抗病性较强，抗枯萎病，耐霜霉病、炭疽病，耐热性与耐寒性表现均强，耐涝性与耐旱性中等，适合春秋季种植。

农家宝 908 黄瓜

（二）农家宝 908

揭阳市农业科学研究所育成的华南型品种。生长势和分枝性强，叶片深绿色。瓜短圆筒形，黄绿色，瘤大，刺疏、白色。瓜长 25 厘米，横径 5 厘米，肉厚 1.4 厘米，单瓜重约 450 克，肉脆，风味佳。从播种至初收，春季约60天，秋季约45天。抗枯萎病，耐霜霉病、炭疽病和疫病。田间表现耐热性、耐寒性与耐涝性强，耐旱性中等。

（三）力丰

广东省农业科学院蔬菜研究所育成的华南型品种。生长势强，分枝性中，叶片厚而深绿。瓜短圆筒形，皮色绿带网纹，绿肩。瓜长约23厘米，横径约5.5厘米，肉厚1.4厘米，单瓜重约500克，肉脆，风味清香。从播种至初收，春季约58天，秋季约37天。抗枯萎病，耐霜霉病、炭疽病和疫病。田间表现耐热性及耐涝性强，适合华南地区春秋季栽培种植。

力丰

（四）粤秀3号

广东省农业科学院蔬菜研究所育成的华北型品种。生长势强，主侧蔓结瓜，结瓜早，连续结果性强，回头瓜多。瓜长棒状，皮色深绿，刺瘤密、白色。瓜长35厘米，单瓜重400克。瓜肉色浅绿白，口感脆，味微甜，商品性好，耐贮运。早熟，从播种至初收，春季约55天，夏、秋季约35天。抗枯萎病，耐霜霉病、白粉病和炭疽病。耐寒性、耐涝性与耐热性较强。

粤秀3号

（五）粤丰

广东省农业科学院蔬菜研究所育成的华北型品种。生长势强，分枝性中等，主侧蔓结瓜，瓜码密，回头瓜多。瓜长棒状，顺直形美，皮色深绿有光泽。瓜长38厘米，

粤丰

横径3.8厘米，肉厚1.1厘米，单瓜重390克。口感脆，味微甜，商品性佳，耐贮运。从播种至初收，春季约50天，夏、秋季35~40天。抗病抗逆性强，抗枯萎病、炭疽病，耐涝、耐热性强，是一个稳产型的新品种。

津优1号

（六）津优1号

天津市农业科学院黄瓜研究所育成的华北型品种。生长势强，主蔓结瓜为主，回头瓜多。瓜条棍棒形、顺直，瓜色深绿、有光泽，瘤显著，密生白刺。瓜长约36厘米，单瓜重约250克。瓜把短，果肉浅绿色，质脆，品质优，商品性好，耐贮运。早熟，从播种至初收，春季约50天。耐低温、弱光能力强，适应性广。抗霜霉病、白粉病、枯萎病能力较强。

中农106号

（七）中农106号

中国农业科学院蔬菜花卉研究所育成的华北型品种。生长势强，分枝中等，主蔓结果为主，早春栽培第一雌花始于主蔓第5节以上。瓜色深绿，腰瓜长35~40厘米，把长小于瓜长的1/8，横径3.4厘米左右，商品瓜率高。刺瘤密，白刺，瘤小，无棱，少纹，口感脆甜。中熟，丰产，亩产最高可达10 000千克。高抗ZYMV，抗WMV、CMV、白粉病、角斑病、枯萎病和霜霉病。耐热，适宜春、夏、秋季露地栽培。

二、对环境条件的要求

（一）温度

黄瓜是典型的喜温植物，适宜生长温度18~32℃，不耐寒冷，气温下降到10℃左右生长受抑制，5℃以下易受冻害。对高温的忍受能力为35~40℃。一般是早熟品种比较耐寒，中晚熟品种比较耐热。

（二）光照

黄瓜属短日照植物，但品种不同对日照要求也不同，一般华北型品种对日照的要求不如华南型品种高，不超过10~12小时的日照条件有利于黄瓜雌花的形成。黄瓜还具有耐弱光能力，因此，黄瓜是保护地栽培的主要蔬菜之一。但是，如果阴天多，阳光过弱，也会引起黄瓜“化瓜”现象的发生。

（三）水分

黄瓜喜湿怕旱又怕涝。黄瓜根系浅，叶片大而薄，在高温、晴天环境中易失水萎蔫，因此，对水分要求较高，最适宜的空气相对湿度是70%~90%，但土壤水分不能过多，否则易发生沤根及猝倒病。黄瓜在不同生育阶段对水分要求不同，苗期适当控制水分，结果期必须供给充足的水分才能获得高产。

（四）土壤与养分

黄瓜适宜富含有机质的肥沃壤土生长。黄瓜根系弱，对养料的要求比较严格，对有机肥反应良好。对肥料三要素的吸收量以钾为最多，其次是氮，最少是磷。幼苗期耐肥力弱，必须采取勤施薄施的方法，并以氮肥为主。到了结果期，需要氮、磷、钾三种肥料混合使用。

三、实用栽培技术

（一）种植时间

根据广东各地气候特点及栽培习惯，黄瓜有如下种植时间：广东大棚栽培于10月至翌年2月下旬播种；早春露地栽培于1月下旬至2月上旬播种；春季露地栽培于3月至4月上旬播种；夏秋露地栽培于6月中旬至8月播种；粤西冬种于9月中旬至12月播种。

（二）土地选择及整地

选用土层深厚、土质疏松、pH 6.0~7.5、实行 2~3 年水旱轮作的土壤进行种植。整地采用深沟高畦，畦面要求平坦，以防积水沤根。一般畦宽 1.8~2 米（包沟），畦高 30 厘米，畦向为南北走向。结合整地重施基肥，一般亩施腐熟有机肥 1 000~1 500 千克、毛肥 50~60 千克、过磷酸钙 20~30 千克。

（三）播种育苗

春播多采用浸种催芽后育苗或地膜覆盖直播的方式。夏、秋季则多采用浸种催芽后直播或干种直播的方式。浸种的方法是先用 50~55℃温水浸种 10 分钟，不断搅拌以防烫伤，然后用清水浸种 4 小时，洗净沥干，置于约 30℃恒温条件下催芽，约 20 小时可见露白发芽。播种后须淋透水，早春采用薄膜进行覆盖保温，夏、秋季采用凉爽纱或稻草覆盖，以防暴雨冲刷。2 片真叶（苗龄 15~20 天）时，选叶色浓绿、茎基粗壮、子叶完好、无病虫害的幼苗于阴天或晴天下午进行定植。双行植，株距 25~30 厘米，亩植 2 200~2 500 株。

（四）田间管理

1. 肥水管理

黄瓜根系浅，吸收力弱，对高浓度肥料反应敏感，追肥应以勤施薄施为原则，坚持以腐熟有机肥为主，控制化肥用量。一般在 2 片真叶到出现卷须前，淋施 0.5% 的复合肥水（或 10%~15% 的腐熟粪尿水更好），每隔 5~7 天淋 1 次。出现卷须时，结合中耕除草培土、培肥，亩施花生麸 20~30 千克、三元复合肥 20~25 千克、氯化钾 15 千克。至采收第一批瓜后再培土、培肥，施肥量同上。此后，每采收 2~3 次追肥 1 次，每次每亩淋施复合肥 5~6 千克。

黄瓜耐涝性差，苗期应控制水分，开花结果期需水分较多，可以引水入沟，保持土壤湿润；雨天应注意天气变化，检查田头排水渠，及时排水防涝。

2. 插竹、引蔓、整枝

黄瓜卷须出现时应及时插竹引蔓，搭“人字架”“倒人字架”或“直排”。引蔓须在傍晚进行，以免损伤茎蔓，使植株分布均匀。引蔓工作延续至初收期，同时适当摘除部分的老叶、病叶。视品种进行整枝，一般主蔓结瓜品种不整枝，主、侧蔓结瓜或侧蔓结瓜的要进行整枝：一般 8 节以下的侧蔓摘除，以上侧蔓留 3 节后打顶，主蔓约 30 节后打顶，在整枝的同时，应及时摘除畸形瓜和虫蛀瓜。

（五）适时采收

黄瓜开花后约 10 天，当瓜皮色从暗绿变为鲜绿有光泽，花瓣未脱落时及时采收，一般 2 天 1 收，盛收期每天 1 收，根瓜要早收，长势弱的更要早收。

四、主要病虫害及防治

（一）疫病

1. 为害特点

感病植株主要表现为茎基部节间出现水渍状病斑，继而环绕茎部湿腐、缢缩，病部以上蔓叶萎蔫，瓜果腐烂，以致整株死亡。

黄瓜疫病症状

2. 防治方法

（1）及时拔除病株并带离田间销毁，用生石灰对病穴进行杀菌消毒。

（2）在发病前或雨季到来之前，喷 1 次保护性杀菌剂，如 96% 天达恶霉灵 3 000 倍液、25% 嘧菌酯 1 500~2 000 倍液等。

（3）雨后发现中心病株要及时拔除，立即喷药防治，可用如下药剂交替使用：25% 嘧菌酯 1 500~2 000 倍液、72%克露800倍液、58%雷多米尔800倍液、64%杀毒矾500倍液、68.75%银法利500~600倍液等，每隔5~7天1次，连喷3~4次。

（二）霜霉病

1. 为害特点

主要为害叶片，形成黄色或淡褐色多角形病斑，叶片背面有紫色霉层。此病多发生于保护地及地势低洼、通风不良的田块，并引起植株早衰，缩短采收期，对后期产量造成较大损失。

黄瓜霜霉病病叶

2. 防治方法

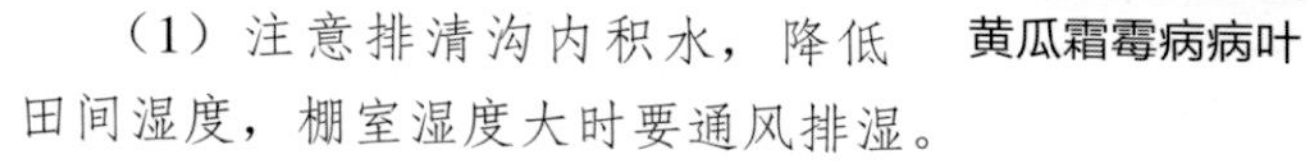
（1）注意排清沟内积水，降低田间湿度，棚室湿度大时要通风排湿。

（2）药物防治可用72%克露800~1 000倍液、75%百菌清600~700倍液或68.75%银法利500~600倍液等，每隔5~7天1次，连喷2~3次。棚室可用百菌清烟雾剂熏烟防治。

（三）枯萎病

1. 为害特点

病株生长缓慢，下部叶片发黄，逐渐向上发展。病情开始中午萎蔫，早晚恢复，反复数日才枯萎死亡。此病发生严重，药剂防治效果差，往往影响中后期产量。

2. 防治方法

（1）播种时每亩用50%多菌灵或95%敌克松1.25千克，与细土按1∶100的比例配成药土后撒施于苗床面，或直播前施入播种沟内。

黄瓜枯萎病症状

（2）发现病株及时拔除并带离田间销毁，在病穴及四周灌20%石灰乳或40%代森铵400倍液消毒土壤，以减少菌源。也可用50%多菌灵500倍液、20%萎锈灵2 500倍液、75%敌克松800倍液或40%代森铵1 000倍液进行淋根，每隔5~7天1次，连喷2~3次。

（四）炭疽病

1. 为害特点

叶、茎、果实等地上部分都可受害。叶部初期病状为黄白色小斑点，病斑逐渐变大，四周褐色，内部白色，多雨时病斑破裂成孔。茎上的病斑细长，果实上的病斑凹陷。

黄瓜炭疽病症状

2. 防治方法

（1）病茎、病叶应收集烧毁，旧的支架等要消毒。

（2）喷施50%施保功2 000倍液、80%炭疽福美800倍液或75%甲基托布津1 000倍液等，每隔5~7天1次，连喷2~3次。

（五）白粉病

1. 为害特点

白粉病多发生于生长中后期，发病越早损失越大，主要为害叶片，从幼苗到成株均可发生。开始时叶片下出现白色小斑点，逐渐扩大，最后可连成片，叶面上布满白色粉状霉层，严重时，叶片逐渐变黄、干枯。植株徒长、枝叶过密、通风不良、光照不足时，病情发生较严重。

黄瓜白粉病病叶

2. 防治方法

可选用下列药剂交替使用：40% 灭病威 500~600 倍液、50% 胶体硫 150~200 倍液、10% 世高 1 500 倍、25% 粉锈宁 1 000 倍液、40% 福星 6 000~7 000 倍液或 50% 多菌灵 500 倍液。

（六）靶斑病

1. 为害特点

黄瓜靶斑病症状

该病多发生在结瓜盛期，以为害叶片为主，起初为黄色水渍状斑点，直径 1 毫米左右。发病中期病斑扩大为圆形或不规则形，易穿孔，叶正面病斑粗糙不平，病斑整体褐色，中央灰白色、半透明。后期病斑中央有一明显的眼状靶心，湿度大时病斑上可生有稀疏灰黑色霉状物，呈环状。严重时蔓延至叶柄、茎蔓，最终导致植株枯死。

2. 防治方法

注意通风及摘除老叶、病叶，发病前用氯溴异氰尿酸或丁子香芹酚进行预防，发病后可用 40% 福星、40% 腈菌唑、20% 噻森铜等药剂交替使用进行防治，每隔 3~4 天 1 次，连喷 2~3 次。发病严重的，加喷 50% 王铜，叶面喷雾，轮换交替用药。在药液中加入适量的叶面肥效果更好。喷药重点是喷洒中、下部叶片。

（七）病毒病

1. 为害特点

黄瓜病毒病有多种类型，由不同的病毒引起。发病日趋严重，为害全株。叶片变细、皱缩，叶面不平整，泡状突起，或叶质粗厚，叶色浓淡不均呈花叶斑驳状；病果细小、畸形，或泡状突起，果面不平整，品质差。黄瓜病毒可在种子、多年生杂草、保护地中越冬。靠蚜虫、田间操作和汁液接触传播。在高温、干旱、日照强、缺水、缺肥、管理粗放、蚜虫多时发病重。

2. 防治方法

（1）防治蚜虫，重视肥水管理，定期或不定期喷施叶面营养剂，使植株稳生稳长，增强抗耐病力。

（2）发病时可喷施20%病毒A 500倍液、1.5%植病灵1 000倍液或5%菌毒清300倍液，每隔7~10天1次，2~3次或更多，前密后疏，喷匀喷足，可用0.2%的磷酸二氢钾或尿素溶液作叶面追肥。

黄瓜病毒病症状

（八）细菌性角斑病

1. 为害特点

主要为害叶片、叶柄、卷须和果实，苗期至成株期均可受害。刚发生为针头大小水渍状斑点，病斑扩大受叶脉限制呈多角形，黄褐色，湿度大时，产生乳白色黏液，病斑后期质脆，易穿孔。茎、叶柄及幼瓜条上病斑水渍状，近圆形至椭圆形，后呈淡灰色，病斑常开裂。细菌性角斑病一般由种子带菌，或随病残体在土壤中越冬。一般发病从老叶开始，速度极快。

黄瓜细菌性角斑病症状

2. 防治方法

参照黄瓜靶斑病防治。喷药须喷透叶片正面和背面，以提高防治效果，加喷0.2%的磷酸二氢钾溶液效果更佳。

（九）低温障碍

1. 症状特点

主要指生产上遇到过低温度或长期的连续低温会引发出的多种症

状：播种后遇到气温、地温过低，种子发芽和出苗延迟，致苗黄苗弱，沤籽或发生猝倒病、根腐病等。有些出土幼苗子叶边缘出现白边，叶片变黄，根系不烂也不长；地温如果长时间低于 12℃，根尖变黄或出现沤根、烂根现象，子叶变黄或干枯；当低温为 0~10℃时，植株生长受阻，轻微者叶片呈黄白色；低温持续时间较长，往往不发根或花芽不分化；较重的表现叶片枯死，严重的植株呈水渍状，然后干枯死亡。

冻害症状

2. 防治方法

（1）低温锻炼，培育壮苗。黄瓜对低温忍耐力是生理适应过程，定植前低温炼苗很重要。

（2）采用地膜覆盖，注意天气预报，霜冻前浇小水。

（3）苗期要少施氮肥，同时控制浇水，以免引起徒长。调查发现，徒长植株受冷、冻害较重。

（4）苗期也可以喷洒 27% 高脂膜 80~100 倍液预防霜冻。

（十）虫害

黄瓜虫害的防治要掌握好时间，一般在幼虫低龄期、虫口密度低时进行防治。

（1）防治蚜虫，可用银灰色膜驱蚜、黄板涂机油诱蚜和喷药杀蚜等方法。

（2）喷施虫瘟 1 号或高效 Bt 可湿性粉剂防治斜纹夜蛾、菜青虫、瓜绢螟。

（3）喷施齐螨素防治有害螨类，喷施吡虫啉防治蚜虫、烟粉虱和蓟马。

（4）喷施 10% 吡虫啉 1 500 倍液或 1.8% 阿维菌素 2 500 倍液防治美洲斑潜蝇。

蚜虫为害状

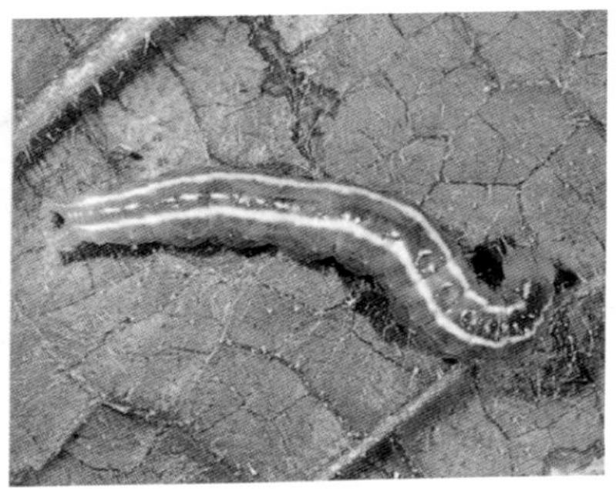
瓜绢螟幼虫为害状

第二节　冬　　瓜

冬瓜主要类型有粉皮冬瓜、黑皮冬瓜，其中黑皮冬瓜主要分布在华南地区。据不完全统计，全国冬瓜全年栽培面积350万亩以上，是夏、秋季的主要蔬菜之一。

一、优良品种介绍

（一）黑优1号

黑优1号

广东省农业科学院蔬菜研究所育成的黑皮冬瓜一代杂种。生长旺盛，叶色深绿，主蔓第20节左右着生第一雌花。果实长圆柱形，瓜长58~75厘米，横径20~25厘米，皮墨绿色，浅棱沟，炮弹形，肉厚5.5~6.2厘米，白色，肉质致密，品质优，最大单瓜重25千克以上，耐贮运。田间表现抗枯萎病、较抗疫病，高产栽培亩产6 000千克以上。

（二）黑优2号

黑优2号

广东省农业科学院蔬菜研究所育成的黑皮冬瓜一代杂种。瓜形匀称，果实长圆柱形，瓜长约65厘米，横径21~24厘米，皮墨绿色有光泽，浅棱沟，肉厚约6.2厘米，肉质致密，品质优。亩产5 500千克以上、田间表现抗疫病、枯萎病。皮色转色快，中早熟品种。

（三）铁柱

铁柱

广东省农业科学院蔬菜研究所育成的黑皮冬瓜一代杂种。生长势旺，中晚熟，坐瓜能力强，瓜形一致，匀称，皮色墨绿，浅棱沟，单瓜长 80 厘米，横径约 20 厘米，肉厚 6.5 厘米，肉质致密，囊腔小，耐贮运。亩产 6 000 千克。田间表现抗枯萎病、中抗疫病、病毒病。播种至收获春季 120 天，秋季 100 天。

（四）铁柱 2 号

广东省农业科学院蔬菜研究所育成的黑皮冬瓜一代杂种。生长势强，分枝性中等，果实特长圆柱形、整齐匀称，浅棱沟，尾部钝尖，皮墨绿色，表皮光滑，瓜长 80~100 厘米，横径 17~20 厘米，肉厚 6.6~6.8 厘米，单瓜重约 16.8 千克。囊腔小，肉质致密，耐贮运。双边籽，浅休眠。中晚熟，播种至收获春季 115 天，秋季 95 天。

铁柱 2 号

墨宝

（五）墨宝

广东省农业科学院蔬菜研究所育成的黑皮小型冬瓜一代杂种。生长势强，分枝性中等，果实短圆筒形、整齐匀称，皮墨绿色，表皮光滑，瓜长 22~25 厘米，横径 12~15 厘米，肉厚 3.3 厘米，单瓜重约 1.8 千克。肉质致密，耐贮运。双边籽，浅休眠。中早熟，播种至收获春季95天，秋季85天。

广利 1 号

（六）广利 1 号

广东省农业科学院蔬菜研究所育成的粉皮冬瓜一代杂种。生长旺盛，主蔓第 17~20 节着生第 1 雌花。果实短圆柱形，瓜长 45 厘米，横径 35 厘米，肉厚 5 厘米，白色，肉质致密，被厚粉，品质优；单瓜重 15~20 千克，单边籽。耐贮运。亩产 5 500 千克以上。

二、对环境条件的要求

（一）温度

冬瓜喜温、耐热，生长发育适温为 25~30℃，种子发芽适温为 28~30℃，根系生长的最低温度为 12~16℃，授粉适宜气温为 25℃左右，20℃以下的气温不利于果实发育。

（二）日照

冬瓜为短日性作物，短日照、低温有利于花芽分化，但整个生育期中还要长日照和充足光照。结果期如遇长期阴雨低温，则会发生落花、化瓜和烂瓜现象。

（三）水分

冬瓜叶面积大，蒸腾作用强，需要较多水分，但空气湿度过大或过小都不利于授粉、坐果和果实发育。

（四）土壤与养分

冬瓜对土壤要求不严格，沙壤土或黏壤土均可栽培，但需避免连作。

冬瓜生长期长，植株营养生长及果实生长发育要求有足够的土壤养分，必须施入较多的肥料。施肥以氮肥为主，适当配合磷、钾肥，增强植株抗逆能力。

三、实用栽培技术

（一）土壤选择

冬瓜的根群发达，对土壤的要求不太严格，但要高产稳产，宜选择向阳、排水良好、土层深厚、富含有机质的沙壤土或水稻土，畦的方向以南北向为佳，并实行 2~3 年的水旱轮作。

（二）播种时间

春季 11 月中旬至 2 月播种，4—6 月上市；夏季 3 月下旬至 4 月播种，7—8 月上市；秋季 6 月下旬至 7 月上旬播种，10 月下旬至 11 月上旬上市。夏、秋植冬瓜多采用浸种催芽后直播，于小暑前播种，以免生长后期被寒潮侵袭而受害。

（三）育苗技术

1. 选种

选用洁白、有光泽的新种子，按每亩用种 50~75 克的播种量处理。

2. 晒种

播种前 2~3 天，把种子放在太阳下晒 0.5~1 小时（避免暴晒）。

3. 温汤浸种

用 50~55℃的温水，水量为种子量的 5~6 倍，浸种时要不断搅拌，保持 10 分钟后，使水温降至 30℃以下，再浸 8~10 小时，捞出沥干，催芽。浸种过程中搓洗 1~2 次，去掉种皮上黏液，以利于种子吸水和呼吸。

4. 催芽与播种

把浸好的种子捞出，清洗数次，稍加晾干表皮，待不黏手时，用纱布包好，置入 30℃左右的恒温箱中，每天冲洗 1 次，3~5 天后，大

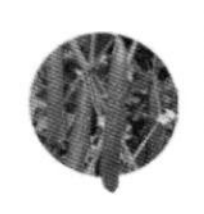

部分种子的胚根突破种皮外露时，即可播种。

5. 营养土的配制

利用营养杯或育苗盘育苗可以有效地保护根系，有利于培育壮苗。播种前，苗床或营养杯浇透水。为防止苗期猝倒病，可在播种后撒一层药土（1 份药：50~100 份细土），药物有五氯硝基苯、福美锌、代森锌等。

6. 苗期管理

掌握“宁干勿湿”原则。育苗期间水分要适当控制，除播种时浇透水外，以后可根据天气情况每天或隔天淋水 1 次，土壤不宜过湿，以免引起猝倒病、立枯病的发生。播种后覆盖塑料薄膜保温。2~3 片真叶时分苗，株距 15 厘米。待小苗缓苗后，及时中耕松土，以提高地温。定植前 15 天应先蹲苗，即减少浇水，适当降温，提高幼苗对外界适应能力。壮苗标准：二叶一心，苗龄 25~30 天，叶色青绿、肥厚，下胚轴短，根系发达。

（四）田间管理

1. 定植

行距 1.8 米，单行植，株距 70 厘米（亩植 500 株左右）。每亩垄面全层撒施磷肥 50 千克和石灰 50 千克，起垄高 30 厘米，在垄中间开深沟埋入以鸡牛粪等为主的腐熟的农家肥 1 000 千克、人粪尿 500 千克、过磷酸钙 15 千克、草木灰 100 千克作基肥。定植后淋足定根水。早春冬瓜定植后，用稻草、麦秆、甘蔗叶茎进行地面覆盖。有条件的地方可以进行地膜覆盖，整地时施足基肥，然后做畦并覆盖地膜，最后按株距打孔定植。

2. 肥水管理

追肥要节制，若追肥不当，往往引起枝蔓徒长，影响坐瓜。在幼瓜长到一定大小时，要进行较大用量的追肥。对冬瓜的施肥应掌握勤施、薄施，前轻后重，合理搭配氮磷钾，切忌施氮肥过多，以防果实绵腐病发生。

（1）提苗肥。一般幼苗期供薄肥促苗生长，抽蔓至坐瓜用肥不宜过多，4~5 片真叶时每亩施复合肥料 15 千克。

（2）长茎、叶肥。每亩施硫酸铵 25 千克、过磷酸钙 15 千克、硫酸钾 0.67 千克。

（3）膨瓜肥。“弯脖”时叶蔓与果争夺养分激烈，易出现化瓜。谢花 5~20 天时（瓜仔重达 4~5 千克）应及时补充磷、钾肥（麸肥 60 千克 / 亩，复合肥分 3 次，每次每亩追复合肥 15~17 千克），根外追肥用 0.3% 的磷酸二氢钾，配水淋垄中间，可浅水浸沟，干旱天气应在傍晚淋水于垄面，切忌在瓜头部淋水，以免引发枯萎病。

3. 植株调整

（1）压蔓与盘条、绑蔓。在搭架时可将基部没有雌花的茎蔓绕架竿盘曲压土。及时做好压蔓工作，使藤茎分布均匀。当瓜蔓长至 60 厘米时，先在垄面亩撒生石灰粉 25 千克增钙防病，并在第 6~7 节位用新土压蔓，可促进节间发生不定根，起到固秧防风作用。隔 4 个节再压 1 次。第 18 个节左右时可引蔓上架，并摘除全部侧蔓。茎蔓上架时须进行绑蔓，一般在距地面 20 厘米左右时绑蔓 1 次，在距地面 50 厘米时再绑蔓 1 次，使冬瓜果实位于架竿中心部位悬挂生长，以利于果实发育。待瓜蔓长到架顶时再绑蔓 1 次。绑蔓时要注意松紧适度，以免妨碍茎蔓生长。

（2）摘心与打杈。坐果前摘除全部侧蔓，坐果后留 2~3 条侧蔓，让其生长到 2 片真叶时打顶。每株多留一个瓜，待幼果长到 0.3~0.5 千克时再择优去劣定瓜。定瓜位置控制在第 23~35 节，第 28 节最佳。坐定瓜后，留 10~15 片健全叶后打顶。

4. 防止落花落果

冬瓜在结果期间，常有落花落果现象，造成的原因很多，如授精不良、开花时夜间温度高、植株徒长、第一个瓜没有及时采收或整蔓、打杈、摘心不及时等。防止落花落果的办法是进行人工授粉，提高坐果率，增加产量。冬瓜雌雄花在早晨 7：00~8：00 开放，受精能力以开花时最高。

5. 护瓜与吊瓜

春植冬瓜为提早上市以留第一个瓜为佳，第二个瓜可摘瓜仔出售。

夏秋植为争取高产，以留第二个瓜为好。冬瓜长到 2 千克左右时进行吊瓜，可以用麻绳套住瓜柄，或用网袋套住果实，将网袋系在竹竿上，以防果实长大后坠断瓜藤。在夏、秋季，阳光直射冬瓜果实会引起日灼病，需注意果实的遮阴。

6. 收获

早熟品种和中熟品种从开花至果实成熟需 35~40 天，晚熟品种需 40~45 天。

四、主要病虫害及防治

（一）枯萎病

冬瓜枯萎病症状（维管束变腐）

冬瓜枯萎病症状（植株萎蔫）

1. 为害特点

幼苗发病，主要为害茎、叶。苗期发病，子叶变黄，不久干枯，幼茎基部变褐色并缢缩或猝倒。成株发病，茎基部水渍状腐烂缢缩，后发生纵裂，常流出琥珀色胶状物。白天萎蔫，夜间恢复正常，反复数天后全株萎蔫枯死。维管束变褐色。病原菌以菌丝体或厚垣孢子在土壤中越冬，可存活 5~10 年。从根部伤口或根冠细胞侵入。种子带菌和带有病残体的有机肥是无病区的初侵染源。

2. 防治方法

（1）选地势高、排水好的地块，实行 3~5 年的轮作。

（2）深翻，地要整平，施用充分腐熟的农家肥。

（3）种子用 50% 多菌灵或 60% 防霉宝 500 倍液浸种 1 小时。

（4）发病期间严禁大水漫灌。

（5）发病前期用甲基托布津涂根茎防病，发现病株及时拔除，并撒生石灰。

（6）移苗前 2~3 天喷恶霉灵，做到带药移苗。移苗时结合淋定根水时用甲霜·恶霉灵灌根，每株 250 克药水。过 5~6 天后再淋 1 次巩固，开花结果期视发病情况再淋施。可与络氨铜交替使用。发病后可选 50% 消菌灵 1 500~2 000 倍液、37% 枯萎立克 400~500 倍液、40% 瓜枯宁 600 倍液、70% 代森锰锌 1 000 倍液、99% 绿亨 1 号 3 000 倍液等灌根。

（二）疫病

1. 为害特点

整个生长期都可发病，在开花结果期间盛发。苗期感病多从嫩梢发生，生长点呈水渍状或萎蔫，后干枯死亡；成株发病，主要在茎基部及节间产生暗绿色水渍状病斑，并明显缢缩软腐，患部以上叶片全部萎蔫，一株上往往有几处节部受害，最后全株枯死。维管束不变色。病原菌以菌丝体、卵孢子或厚垣孢子在土壤中越冬。

冬瓜疫病症状

2. 防治方法

（1）选用抗病品种。

（2）采用轮作或休耕避免连作。

（3）采用地膜覆盖，合理灌溉，及时清洁田园。

（4）对田间杂草、病残体及时清除，集中烧毁。

（5）合理使用农药，可选用 72% 克露 600~800 倍液、58% 雷多米尔 500~800 倍液、69% 安克锰锌 800 倍液、72.2% 普力克 600 倍液、77% 可杀得 800 倍液、50% 王铜 800 倍液、68.75% 银法利 600 倍液或 50% 烯酰吗啉 1 200 倍液，也可喷施 95% 甲霜灵和 75% 百菌清（1 ：1）

1 500 倍液，现混现用，喷洒和灌根同时进行效果更好。每隔 5~7 天 1 次，连喷 2~3 次。

（三）病毒病

冬瓜病毒病症状

1. 为害特点

病原为黄瓜绿斑嵌纹病毒、木瓜轮点病毒之西瓜系统、矮番瓜黄化嵌纹病毒。病征主要包括叶片黄化、嵌纹、脉绿、皱缩、变形、矮化；果实表面凸凹不平、色泽不均、变小、发育不良等。田间植株常被 2 种以上病毒复合感染，单由病征不易分辨是何种病毒感染。

2. 防治方法

（1）种子消毒，用 10% 的磷酸钠溶液浸种 10 分钟。

（2）加强田间管理(培育壮苗、适期定植、及时防治蚜虫)。

（3）畦面覆盖银色塑料布或撒布矿物油于生长初期的植株，可减轻为害程度。注意田间卫生，清除越冬寄主，避免摘心及茎叶损伤。

（4）定期或不定期喷施叶面肥（如增产胺），充分施肥，使植株生长良好，可减轻受害。

（5）用吗啉胍药肥抑制病毒。

（6）防治媒介昆虫，可择用有机磷剂或植物保护手册推荐的药剂。

（7）发病初期开始喷 0.5% 抗毒菇类蛋白多糖水剂（抗毒剂 1 号）300 倍液、20% 病毒 A 500 倍液、1.5% 植病灵Ⅱ号乳剂 1 000 倍液或 40% 病毒威 800 倍液 + 爱多收或金必来叶面肥。喷药时加入少量植物油，效果更好。

（四）蓟马

1. 为害特点

蓟马虫体小，体长 0.1 厘米，幼虫、成虫均为害植株。它以锉吸式口器锉吸冬瓜的心叶、嫩芽及幼果的汁液，使被害植株的心叶不能张开，嫩芽、嫩叶卷缩。若生长点受害，植株生长受抑制，节间缩短，常扭曲成菊花状。幼瓜受害出现畸形，瓜皮粗糙、变黑褐色，幼瓜硬化，造成落瓜，严重影响果实的产量、质量，并传播病害。

2. 防治方法

（1）适时栽植，避开高峰期；覆盖地膜，可减少为害。

（2）加强肥水管理，促进植株生长，增强抗虫能力。

（3）清除田间附近的杂草，减少虫源。

（4）及时喷药防治，可选用10%高效大功臣1 500倍液、5%蓟蚜克星1 500倍液、25%阿克泰（12克/亩）、40%七星宝600~800倍液、10.2%超力600~800倍液、10%吡虫啉1 000~2 000倍液、70%艾美乐2 500倍液或5%桉油精1 000倍液。

（五）烟粉虱

1. 为害特点

严重时黑皮冬瓜皮色转色慢或不转色。

烟粉虱为害状

2. 防治方法

可选用10%扑虱灵1 000倍液、10%高效大功臣3 000倍液、50%抗蚜威2 500倍液、25%阿克泰2 500倍液、5%高效蓟蚜清500~800倍液、10%吡虫啉1 500~2 000倍液、3%敌蚜虱750~1 500倍液、25%扑虱灵1 000倍液、2.5%天王星3 000~4 000倍液、2.5%大功臣3 000倍液或50%抗蚜威2 500倍液，每隔3~10天喷1次，连喷2～3次可取得较好防效。

第三节　节　　瓜

节瓜又名毛瓜，目前广东、广西、海南普遍栽培，在广东年栽种面积超过 40 万亩，是华南地区栽培面积较大的瓜类蔬菜之一。

一、优良品种介绍

（一）夏冠 1 号

夏冠 1 号

广东省农业科学院蔬菜研究所育成的一代杂种。生长势较强，分枝性强，抗病抗逆性强，主侧蔓结瓜。早熟，春季从播种至初收 65~80 天。第一雌花着生节位平均 10.5 节，夏、秋季从播种至始收 40~45 天。第一雌花着生节位平均 11.3 节，瓜圆筒形，青绿色，有光泽，被茸毛，无棱沟，瓜纵径 16~17 厘米，横径 5.5 厘米，单瓜重 450~500 克。肉质嫩滑，风味微甜。耐热，高抗枯萎病。春季种植亩产 4 000~5 000 千克，夏、秋季种植亩产 3 000~4 000 千克，适宜在华南地区春、夏、秋季种植。广州地区适宜播种期为 1 月底至 8 月。

（二）丰冠节瓜

广东省农业科学院蔬菜研究所育成的一代杂种。生长势强，分枝性中等，主侧蔓结瓜。中早熟，春季从播种至始收 80~85 天，全生育期 125~130 天，秋季从播种至初收 45 天左右。春种第一雌花着生节位平均 6.8 节，第一瓜坐瓜节位 8.8 节，瓜长圆筒形，皮色青绿，被茸毛，无棱沟，瓜长为 22~24 厘米，横径约 6.5 厘米，肉厚 1.4 厘米。肉质嫩滑，风味微甜，品质较好。高抗枯萎病，田间表现耐热性和耐涝性强，耐旱性较强，耐寒性中等。肥水供应充足时春季种植亩产 3 500~4 000 千克，夏、秋季种植亩产 3 000~4 000 千克。适宜在华南地区春、夏、秋季种植。广州地区适宜播种期为 1—8 月。

丰冠节瓜

（三）冠华 3 号

冠华 3 号

广州市农业科学研究院育成的一代杂种。生长势强，分枝力中等，商品性好。春播第 6~9 节、秋播第 12~14 节着生第一雌花，雌花率高。瓜圆柱形，长 17~19 厘米，横径 7 厘米，油绿色，有光泽，有星点，无棱沟，肉厚 1.3~1.5 厘米，单果重 500 克，密被茸毛。早熟丰产，播种至初收春植约 78 天，夏植 45 天，秋植 51 天，延续采收 30~50 天。春植亩产 2 500~3 500 千克，夏秋植亩产 1 200~2 000 千克。肉质致密，味微甜，品质优，适宜华南地区春、夏、秋季栽培。广州地区适宜播种期为 1—8 月。

（四）玲珑节瓜

玲珑节瓜

广东省农业科学院蔬菜研究所育成的一代杂种。生长势旺盛，主蔓结瓜为主，叶色深绿，春植主蔓第6~8节、秋植第10~12节着生第一雌花，以后每隔2~3节着生一雌花。瓜短圆柱形，长15厘米左右，横径6厘米左右，单果重300~350克，皮色深绿、少星点，有光泽，无棱沟，瓜形匀称，肉质致密，品质优良。早熟，从播种至初收春植65~80天，秋植40~45天。春季种植亩产3 000千克，夏、秋季种植亩产2 500~3 000千克。广州地区适宜播种期为1—3月、7—8月。

二、对环境条件的要求

（一）温度

节瓜是喜温作物，生长发育需要较高温度，低于15℃时生长发育缓慢。种子发芽期适宜温度为25~30℃，30℃左右时发芽快；幼苗期和抽蔓期以20℃左右为宜；开花结果期适宜温度为20~30℃，20℃以下则坐果不良，甚至果实变成畸形。

（二）光照

节瓜的生长对日照长短的要求不严格，但幼苗期在较低温度和短日照条件下，雌花提早分化，第一雌花也随之提早出现。节瓜对光照强度要求严格，在它的各个生长期都要求有良好的光照条件。

（三）水分

节瓜枝叶繁茂，用水较多，但又不耐涝，要及时排除田间积水。各个生长时期对水分的要求有所不同，幼苗期需要水分较少，抽蔓后对水分要求逐步增多，开花结果盛期需要大量的水分。土壤应经常保持湿润，遇高温干旱天气，则要淋水。

（四）土壤和肥料

节瓜对土壤的适应性广，从沙质土到黏质土均可生长，而以土层深厚、含有机质丰富的肥沃沙壤土或壤土为好。前作最好是水稻土，忌与瓜类作物连作。对土壤酸碱度的要求以中性为好。

节瓜要求基肥充足，对氮、磷、钾的需求量比较均衡，施肥时必须注意氮磷钾肥相互配合，不可偏施氮肥。

三、实用栽培技术

（一）品种选择

不同地区对节瓜类型的要求差异较大，如珠江三角洲地区和销往港澳地区的品种通常要求短身、色泽深绿类型的节瓜，江门、珠海、中山地区一般习惯种植长身黄毛节瓜，所以品种选择时首先要考虑产品的市场定位和去向。其次，不同节瓜品种的季节适应性不同，早春1—2月播种，低温期最长，要选择耐寒性较强的品种，如粤农节瓜、绿丰节瓜、冠华3号、江心节。2—3月播种，是节瓜最适宜生长的季节，宜选用高产优质品种，如粤农节瓜、丰冠节瓜、冠华3号、夏冠1号、冠星2号等。夏、秋季高温，台风雨多，通常选择始花节位低、耐热性和抗病性较强及生长势强的品种，如夏冠1号、冠星2号。

（二）土地选择

节瓜对土壤要求不很严格，但不宜连作，土壤酸碱度以中性为好。节瓜根群发达，吸收力强，生长时间长，喜湿怕涝，所以要选择前茬为水稻地或当年未种过瓜类的地块种植。最好选择土层深厚、保水保肥力强、排水良好、有机质丰富的沙壤土。基肥要深耕施足，每亩施腐熟的猪牛粪1 000~1 500千克、过磷酸钙25千克、草木灰100千克作基肥，将肥料混匀后挖沟施入，然后整地起畦。南方春季雨水较多，要求深沟高畦，通常畦宽 1.8~2 米（包沟），畦高 0.35~0.4 米。

（三）适时播种

根据节瓜对气候条件的要求，各地都可以适时栽培。在华南地区，春、夏、秋季均可种植。如广州地区全年节瓜播种安排大致可以分为：春节瓜（1—3 月播种或 12 月底至翌年 3 月播种）、夏节瓜（4—6 月播种）、秋节瓜（7—8 月播种）。节瓜不同播种期，产量的高低变化较大。广州地区同一个品种，以春节瓜（2—3 月播种）产量最高，以夏节瓜（6—7 月播种）产量最低。由于节瓜不耐贮运，为了调节市场需求，应该采取排开播种。按照历年经验，夏季高温多雨季节种植节瓜产量低，但通常 8—9 月价格比 5—6 月的高达数倍。因此，采取排开播种，提早或推迟上市，有利于生产者。

（四）催芽育苗

无论是育苗及直播，节瓜播种前应先浸种催芽，具体方法是采用 52~55℃的温水浸种 15 分钟，再用 30℃左右的温水浸种 3~4 小时，浸种结束后，将种子取出，沥干水后用湿布包好，放于温暖地方催芽。有条件的最好置于恒温箱中，于 30℃左右的条件下催芽。催芽期间每天洗种 1 次，过 2~3 天便可陆续出芽。待大部分种子出芽、芽长 0.5~1 厘米时一起播种，也可将先出芽的种子进行播种育苗或直接播种于大田，出一批播种一批。

春节瓜播种时气温较低，催芽后宜利用防寒设施进行保温育苗，用塑料营养杯、育苗盘或营养土块护根育苗效果较好。种子发芽后播种于苗床或育苗容器中。各地配制营养土的材料多种多样，主要原料为泥土和肥料。配制营养土的泥土应选择有机质多、养分丰富、通气良好的土壤，最好选用长期受水浸的土壤，如沟塘泥、水田泥，并于秋冬季捞起晒干备用。配制营养土的肥料有迟效肥和速效肥 2 种。迟效肥有厩肥、堆肥等，使用前必须充分发酵腐熟；速效肥有腐熟人粪尿、复合肥等。各地可按长期积累的经验进行配制。下面推荐一个配方：选用晒干破碎成 0.5 厘米以下的肥沃塘泥或水稻田土，充分堆沤后与经过堆沤发酵腐熟的菇渣（蔗渣）、猪粪、过磷酸钙按6∶2∶1∶1的比例配制，而后掺入少量复合肥充分混合。如果土壤偏酸，则可加入适量石灰。播种后，上盖一层1厘米薄土，再淋水，如有种子裸露，再用营养土盖上。播种后，畦面加盖塑料薄膜保温防寒。幼苗期需要水分不多，保持土壤湿润即可，切忌土壤湿度过大，以防幼苗烂根和猝倒病发生。同时，要注意温度的调节，若遇晴天阳光过猛，要及时通风降低苗床内温度。移植前应注意及时揭开遮阳网炼苗，增强幼苗对外界气候的适应性和抗逆性，缩短定植后的缓苗期，提高定植后的成活率。

夏秋植节瓜播种期为4—8月，气温较高，通常采用浸种催芽后直接播种的方式，但为防暴雨冲刷也可以采用遮阳网或搭遮阴棚实施育苗移植。播种后用少量稻草覆盖并充分淋水，经常保持土壤湿润。

（五）移苗定植

节瓜的定植时间随栽培地区和栽培季节而异。广州地区春节瓜一般在2月上旬至3月上旬定植，幼苗具2~3片真叶时进行；长江流域4月初定植。节瓜栽培一般分为单行植和双行植2种方式。单行植是在畦的中间开沟种植，双行植是在畦的两边开沟种植。节瓜栽培密度因栽培季节、栽培方式和种植品种的不同而异。春季生长期较长，气候比较适于节瓜生育要求，蔓叶生长旺盛，可适当稀植，行距2米（包沟），株距30~35厘米，双行植，每亩定植1 800~2 000株。夏秋季节瓜生长势较弱，易早衰，宜适当密植，行距2米（包沟），株距25厘米左右，双行植，每亩定植2 000~2 500株。

（六）肥水管理

春植节瓜前期气温低，苗期应控制肥水。其施肥原则是施足有增温效果的基肥，追肥应该是瓜苗上架前淡施薄施、中期多施、开花结果期重施。一般在幼苗3叶期开始，每隔7~10天淋施10%的人粪尿水1次，施肥时尽可能避免肥料直接接触瓜苗。抽蔓期追施1~2次20%的人粪尿水，引蔓前结合培土施重肥1次，初收时施第2次，每

次每亩施花生麸 30~50 千克、复合肥 40 千克、尿素 10 千克；开花结果后每隔 7 天左右追肥 1 次。

夏秋节瓜的基肥都要充足，其中夏节瓜气温高，湿度大，幼苗生长较快，要控制肥水，生长期内雨水多时，不宜追肥，防止徒长和发病。秋节瓜生育期较短，追肥要提早，在真叶开展后早追肥，促进早发快生，后期气温渐低，应多施勤施追肥。肥料种类与春节瓜基本相同，追肥数量特别是尿素的数量应适当减少。

冬种反季节节瓜的施肥原则是幼苗期多施缓效农家肥，适当减少氮肥用量并增施钾肥以提高植株抗寒性和抗病性；待温度回升后要增施速效肥，以充足的肥水满足植株生长及开花结果的需要。喷施叶面肥如磷酸二氢钾等可以提高植株的抗寒能力。

节瓜喜湿怕涝。苗期不宜淋水过多，春节瓜及冬季反季节节瓜特别要控制水分，防止前期蔓叶生长过旺。开花结果后需要较多水分，应经常保持土壤湿润，可根据天气情况进行浇水，一般春节瓜在晴天时每日下午淋水 1 次，夏、秋节瓜早晚各淋水 1 次。节瓜切忌浸水，植株受浸后极易发病，因此夏秋节瓜特别要注意雨后及时排水防涝。

（七）搭架、引蔓和辅助授粉

节瓜蔓长 30 厘米左右时，植株出现卷须，要及时搭架引蔓。瓜蔓上架前进行 1 次中耕除草，中耕后适当向植株基部培土，瓜蔓上架后不必再中耕，以免弄伤茎叶。节瓜架多采用人字架，也可用直排或搭棚架，人字架抗风性能比较好，多风地区和季节宜采用。支架材料可就地取材，多采用竹竿或树枝。节瓜前半期靠主蔓结果为主，后半期靠侧蔓结果为主，因此栽培上应培育健壮的主侧蔓。开花结果前要摘除植株 1 米以下的全部侧蔓，集中养分培养主蔓。在主蔓结果后，选留植株中部以上健壮的侧蔓，保持植株较大的同化面积，增加后期侧蔓的结果枝条数。引蔓要勤，以保证叶片分布均匀，一般隔 2~3 天引蔓 1 次。引蔓时要将茎蔓沿着支架方向理顺，用细土压蔓以增发新根，然后引蔓上架。引蔓工作通常在晴天的下午进行，以减少对茎蔓的损伤。

开花期最好进行人工辅助授粉，特别是多雨或授粉昆虫少时。人工辅助授粉在7:00－9:00进行，摘取早上新鲜的雄花，在刚刚开放的雌花的柱头上轻轻涂抹，要在柱头的3个瓣上涂抹均匀。节瓜人工辅助授粉可以明显提高坐果率。

（八）采收

节瓜以采收嫩瓜为主，一般自开花后7~10天、皮色略带光泽、基本符合该品种的商品瓜特征时，便可采收上市，以带花的为佳。不同消费市场对节瓜产品的要求也略有差异，出口短身节瓜通常要求瓜重250~300克，而一些长身类型节瓜则可以稍迟采收，一般瓜重500克左右。结果初期每隔2~3天采收1次，盛果期每天采收1次。通常每天清晨采收，收获要及时。第一批瓜应稍提早采收。采收时发现钩形瓜、蜂腰瓜、大肚瓜及各种病虫瓜要及时摘除。采收动作要轻，用小刀或剪刀从果柄处剪下。节瓜采收后要小心放置，并注意保护表面茸毛，以保持商品品质。

四、主要病虫害及防治

（一）疫病

1. 为害特点

节瓜疫病整个生育期都可以发病，主要为害有茎、叶、果实。苗期发病后茎叶及生长点呈水渍状或萎蔫，成株发病多从茎尖或节部发生，开始为水渍状，然后缢缩，病部以上叶片迅速萎蔫，叶片受害时先出现水渍状灰绿色大斑，严重的叶片枯死；果实发病后先出现水渍状斑点，然后病斑凹陷，病部扩大后可导致瓜腐烂。

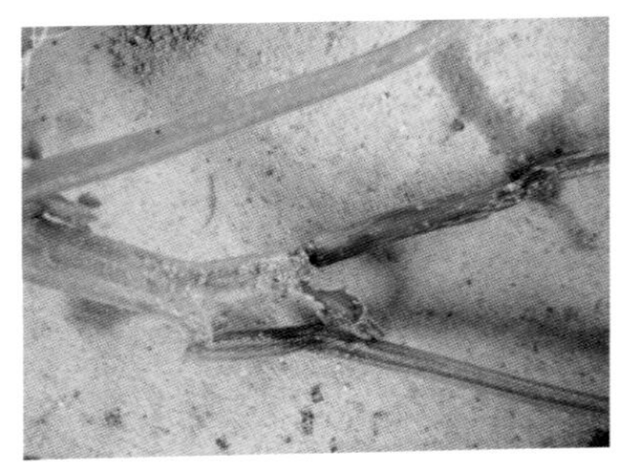

节瓜疫病茎部症状

2. 防治方法

（1）与非瓜类作物实行3年以上的轮作，采用深沟高畦栽培或地膜覆盖栽培，施用充分腐熟的有机肥。

（2）清洁田园，病残体要及时拔除并集中烧毁或深埋，使用旧的篱竹最好先进行消毒处理。

（3）多雨季节做好预防工作，发病前可用75%甲基托布津、50%多菌灵、77%可杀得等药剂进行预防；发病初期可用58%雷多米尔600~800倍液、68%金雷多米尔600~800倍液、64%杀毒矾500倍液、25%阿米西达悬浮剂2 000倍液或72%克露600~800倍液等药剂进行防治，每隔7~10天1次，连喷2~3次。上述药剂最好交替使用，以免产生抗药性。

（二）枯萎病

1. 为害特点

枯萎病为害部位主要在根颈部。发病初期病株部分叶片中午萎蔫下垂，早晚恢复正常，之后叶片色泽变淡、变黄，并逐渐遍及全株，最后整株枯死。病株主要基部软化缢缩，先呈水渍状，然后逐渐干枯。茎基部有时纵裂。

节瓜枯萎病纵裂病部

2. 防治方法

（1）选用抗病品种，夏冠1号、丰冠节瓜、绿丰节瓜、冠华3号等品种均抗枯萎病。

（2）育苗营养土要经常更换或进行消毒，以防病菌传染。土壤消毒可以用50%多菌灵可湿性粉剂与床土拌匀，用药量为每平方米10克。连作地播前结合整地，每亩施入石灰粉80~100千克，降低土壤酸性。

（3）加强田间管理，施足基肥，施肥时氮肥不可过多，施用有机肥要充分腐熟。

（4）合理轮作，要避免与瓜类蔬菜连作，宜与大田作物轮作，最好与水稻轮作，轮作期限以3年以上为佳。

（5）用纸袋、塑料育苗钵育苗，定植时不伤根，缓苗快，发病轻。

（6）发现中心病株及时拔除，将病残体集中销毁，对病株穴要用生石灰消毒。

（7）雨后及时排水，地温低时多中耕，保持土壤透气性，使根系发育良好，可以增强植株抗性。

（8）高畦栽培，降低田间地下水位，也可以减轻病害发生。

（9）施药可以防止枯萎病蔓延，可用70%甲基托布津800~1 000倍液、37%枯萎立克500倍液、75%敌克松1 000倍液、99%绿亨1号3 000~4 000倍液或10%双效灵150~300倍液等灌根和喷茎叶，每隔4 ~5天1次，连喷2~3次。以南瓜、蒲瓜为砧木进行嫁接，可以有效预防枯萎病的发生。

（三）病毒病

1. 为害特点

节瓜病毒病症状可表现为花叶、皱缩或叶片黄化，严重时叶反卷，病株下部叶片逐渐枯黄，果实染病时表面出现深浅不均的花斑或凹凸不平的瘤状物，果实畸形。

节瓜病毒病叶片症状

2. 防治方法

（1）选用耐病品种。

（2）繁制种从无病毒病植株上选留种瓜。

（3）播种前用55℃温水浸40分钟后，用凉水冲洗散热，再催芽播种，或用10%的磷酸钠浸种10分钟，均有一定的预防效果；提前或推迟播种期，避开病毒发生高峰期。

（4）加强肥水管理，施足基肥，促进植株早发快生，减轻病毒病发生程度。节瓜田周围最好不种其他瓜类作物，及时铲除田边杂草。

（5）防治蚜虫，减少传播媒介。苗期覆盖银灰色遮阳网、大田铺银灰色地膜或挂银灰色塑料条，对蚜虫有驱避作用。蚜虫发生高峰期注意施药杀虫。

（6）病毒A具有抑制病毒在植物体内复制，刺激植物生长，增强对病毒抵抗力的作用，使用方法是在发病初期用20%病毒A 400~600倍液喷雾，可控制病情的发展。

（四）蓟马

1. 为害特点

蓟马是节瓜的主要害虫，以成虫和若虫为害嫩梢、嫩叶、花和幼瓜，使被害植株心叶不能展开，生长缓慢，节间缩短。幼瓜受害后果实变黑、硬化、畸形，表皮粗糙，品质变劣，严重时造成落花落瓜。成虫活跃、善飞、怕光，繁殖快、易成灾。

蓟马为害节瓜生长点症状

2. 防治方法

（1）避免连作，铲除田边杂草，减少越冬虫源。

（2）采用营养杯育苗，适时栽植，避开蓟马为害高峰。

（3）加强肥水管理，促进植株生长，增强抗虫能力，进行地膜覆盖可减轻为害。

（4）气候严重干旱时进行跑马水浇灌可以干扰蓟马发育，降低虫口密度。

（5）当每株虫口有3~5头时进行喷药防治，可选用25%阿克泰3 000倍液、40%七星宝600~800倍液、18%杀虫双250~400倍液、10%高效大功臣2 000~4 000倍液或1.8%吡虫啉2 000倍液等。喷药时要重点喷生长点和花器等蓟马为害严重的部位。

第四节　苦　瓜

一、优良品种介绍

（一）丰绿苦瓜

广东省农业科学院蔬菜研究所育成的一代杂种。长势壮旺，根系发达，耐热，抗逆性强，分枝力强，侧蔓结果为主。果实近圆柱状，果色亮泽，浅绿，果长28~32厘米，横径7~8厘米，单瓜重500~750克，果肉丰厚、致密，品质优，耐贮运。中晚熟，中抗枯萎病，适宜夏秋季种植，其中4—7月播种优势更明显，采收期长，丰产、稳产性好，一般亩产4 000~5 000千克。

丰绿苦瓜

（二）长绿苦瓜

长绿苦瓜

广东省农业科学院蔬菜研究所最新育成的一代杂种。生长势旺盛，分枝力强，单株结果数多。瓜色油绿，条瘤光滑，果型端正美观、商品性好，长圆锥形，瓜长25~28厘米，横径7厘米左右，单瓜重约500克，果肉厚，耐贮运。中熟品种，田间表现耐热、耐寒、抗病性较强，丰产性好。广州地区适宜播种期为3—7月。

（三）长绿 2 号

长绿 2 号

广东省农业科学院蔬菜研究所最新育成的一代杂种。长势旺盛，分枝力强，结果多，瓜型端正美观，头尾匀称，肩平尾钝，果色浅绿，光泽好，条瘤顺直、宽厚饱满，商品性极好。果长 25 厘米左右，横径约 7 厘米，单瓜重 500 克左右，果肉丰厚致密，耐贮运，品质优。抗逆、抗病性好，适应性广，丰产性好。适宜华南地区春、秋季种植。广州地区适宜播种期为春植 1—3 月，秋植 7 月至 8 月上旬。

（四）碧绿三号

碧绿三号

广东省农业科学院蔬菜研究所育成的一代杂种。生长势旺盛，叶片绿色，分枝多，结果多。果实长圆锥形，瓜长约 27 厘米，横径 6 厘米左右，肉厚约 1 厘米，单瓜重约 450 克，皮色浅绿，有光泽，条瘤光滑顺直，苦味适中，肉质脆嫩，纤维少，品质好。早熟，中抗枯萎病和白粉病，耐热、耐寒、耐涝性较强。适宜华南地区春、秋季种植。一般亩产 3 500~4 000 千克。广州地区适宜播种期为春植 1—3 月，秋植 7 月至 8 月上旬。

（五）丰绿三号

广东省农业科学院蔬菜研究所最新育成的一代杂种。长势旺和分枝性强，叶片绿色。早熟，结果多，前期产量高。果实长圆锥形，瓜型端正美观，瓜长 24~26 厘米，横径 6.5 厘米左右，肉厚，单瓜重约

丰绿三号

450克，皮色深绿，条瘤顺直，品质优。品种抗性强，植株不易早衰，耐雨水和弱光性好，阴雨天气更显优势。适宜华南地区春季早栽培和海南省冬种。

（六）江门大顶

江门大顶

广东省江门市郊地方品种。长势强，主蔓长约4米，第8~14节着生第1雌花，以后每隔3~6节着生雌花。果实短圆锥形，长15厘米，肩宽11厘米，肉厚1.3厘米，味甘、苦味较轻，品质优良，瘤状突起粗大，单瓜重300~600克，皮色青绿。适应性较强，以春播为主，播种至初收80~90天，采收期约40天，亩产1 000~1 500千克。广州地区适宜播种期为春植12月至翌年3月，秋植7月至8月上旬。

（七）翠绿三号

植株长势旺盛，叶片绿色，结瓜多。果实大顶型，皮绿色，有光照，果长12~14厘米，肩宽9~10厘米，果肉厚，单瓜重350~550克，商品性好，一般亩产2 500千克。广州地区适宜播种期为春植12月至翌年3月，秋植7月至8月上旬。

翠绿三号

二、对环境条件的要求

（一）温度

苦瓜对温度的要求，不同生长阶段要求不同。在15℃时种子开始发芽，20℃时发芽仍很缓慢，最适发芽温度为30~35℃。苗期生长适宜温度为20~25℃。开花结果期适宜温度为25~30℃，在25~30℃时，坐果率高，果实膨大快。15℃以下和30℃以上对苦瓜的生长、结果都不利。

不同熟性的苦瓜品种对温度的适应能力不同，一般情况是早熟品种耐低温能力强，中晚熟品种耐高温能力强。

（二）光照

苦瓜喜光不耐阴，苗期光照不足会降低抗寒力，同时也容易引起徒长，抗病性也较差。开花结果期更要求有较强的光照，充足的光照有利于蔓叶的生长和提高坐果率，增加产量，提高果实的颜色和光泽，果实的商品性好。

（三）水分

苦瓜种子种皮虽然较厚，但容易吸收水分，在30℃左右温水浸种7~8小时后，在适温下（30~33℃）催芽，36小时就可发芽，48小时便大部分发芽。

苦瓜喜欢湿润，但怕雨涝，在生长期间要求畦面经常保持湿润，生长期间不能缺水，尤其是开花结果的时候，需水更多。如果水分供应不足，果实商品性会变差，产量也会降低。

（四）土壤营养

苦瓜在肥沃疏松、保水保肥力强的土壤上生长旺盛，产量高。苦瓜耐肥不耐瘠，对肥料要求较高，如果有机肥充足，植株生长粗壮，蔓叶繁茂，开花结果多，瓜肥大，光泽好。特别是在生长后期，如果肥水不足，则植株长势变弱，果实变小，容易长成畸形瓜。结果期要求及时追肥，特别是在结果盛期，要求追施充足的肥料。

三、实用栽培技术

（一）整地做畦

苦瓜对土壤要求不很严格，但在排灌水方便、土层深厚的土壤中栽培最合适。苦瓜怕连作，最好实行水旱轮作。底肥充足是丰产的保证，整地时应多施基肥，以腐熟的有机肥（畜禽粪便、毛肥、花生麸等）效果最好，通常在整地做畦时每亩施腐熟的农家肥 1 500 千克、磷肥 20~30 千克。高畦栽培，畦宽 2~2.5 米（包沟）。

（二）培育壮苗

苦瓜采用营养杯或育苗盘育苗效果好。播种前用 50~55℃温水浸种 10~15 分钟，然后用 30℃温水浸种 8~10 小时，中间轻轻搓洗种子并换水 1 次，沥干后放在 30℃左右的条件下催芽，等多数种子出芽后就播种到准备好的营养杯或育苗盘内。

营养杯或育苗盘中的育苗土可选用肥沃的塘泥或水稻田土经充分晒干粉碎，与菇渣、猪粪等充分堆沤而成。每杯或每穴播 1 粒种子，然后覆土厚度约 1 厘米即可。过厚，不易出土；过浅，出苗则易戴帽（子叶被种壳加住）。

种子发芽情况

种子出苗情况

幼苗生长情况

春播苦瓜遇低温阴雨，常常会造成“沤种”或冻坏幼苗，所以要做好防寒保暖措施，最好播在大棚或小拱棚中。出苗前，棚内温度白

天保持在 25~30℃，夜间不低于 20℃，在这种温度下，3~4 天就可出苗。出苗后，迅速降低温度至 25℃，夜间保持 20℃左右。水分保持土壤湿润，尽量使幼苗多见阳光。早春定植前几天要进行炼苗，逐渐揭开薄膜，加大通风量，直至定植前 1~2 天完全揭开薄膜，增强幼苗对外界气候的适应性和抗逆性，提高定植后的成活力。

（三）幼苗定植

当幼苗长至 3~4 片真叶时即可进行移栽，通常选择阴天或晴天下午移植。早熟品种适当密植，株距 50~70 厘米，每亩种植 800~1 300 株；中晚熟品种适当疏植，株距 80~150 厘米，每亩种植 200~800 株。移植时要注意挑选壮苗，栽完苗后要及时浇定根水，以促进幼苗尽早发根生长。夏秋季种植可以采用浸种催芽后直播的方式，每亩用种量为 100~400 克。

穴盘苗

幼苗定植

（四）引蔓及整枝

植株长到 6~7 片叶时开始抽蔓，这时应及时搭架。搭架的方式多种，各地可根据栽培习惯确定，常用的有企排式架、人字架和棚架。

搭架以后，接着就要绑蔓。植株抽蔓初期，高约 30 厘米时绑一次，以引蔓上架，以后每隔 4~5 节再绑一次，连续 2 次。每次绑蔓时要使各植株生长点朝同一方向，使茎叶分布均匀，防止相互缠绕遮阴，以后即可任其攀缘生长。引蔓和绑蔓通常在晴天的下午进行，以免折伤茎蔓。苦瓜生长前期，通常摘除 80 厘米以下所有侧蔓，结果后期则不摘除侧枝或去弱留强，以充分发挥主侧蔓的结果潜力。生长后期要及时摘除老叶、黄叶和病叶，保证通风透光，有利于果型端正，增强果色，提高果实商品率和商品性状。阴雨天气人工辅助授粉有利于提高坐果率和商品性。

企排式架

棚架

人字架

（五）肥水管理

培土培肥情况

苦瓜需要肥水充足，除施足基肥外，生长期间还应及时追肥，特别是在开花结果期。春植时幼苗期可少追肥，夏秋植苦瓜在子叶展开后就应不断追肥，以追施水肥为主，宜勤施薄施；开花期结合培土进行培肥，每亩施花生麸 25~30 千克、复合肥 20~30 千克，第 1 次采收后再培肥 1 次，以后每采收 2~3 次追肥 1 次，每亩施复合肥 20 千克。肥水供应不足或不及时，易出现“大肚”等畸形瓜。

春植苦瓜幼苗期要控制水分，以增强抗寒力。开花结果期则需要充足的水分供应，应注意淋水，保持土壤湿润，夏秋植苦瓜还可在畦面覆盖稻草保湿降温。雨后要及时排水，防止畦面积水引起烂根发病。

（六）采收

开花后 15~20 天是商品果采收的最佳时期。采收标准是果实瘤状突起饱满，果皮有光泽，果实顶端开始发亮。为了方便运销，远销港澳的产品通常在傍晚或清晨采收，而中午、下午和阴雨天采收的苦瓜不耐贮运，应及时销售。

采收的果实

装箱情况

四、主要病虫害及防治

（一）白粉病

1. 为害特点

发病初期叶面或叶背产生白色近圆形小粉斑，然后向四周扩展成连片白粉，严重时整个叶片布满白粉。发病后期，白色霉斑因为老熟变为灰色，病叶枯黄，最终干枯，导致苦瓜生育期缩短，产量降低。该病一般在开花结果期发生，病害多从中下部叶片开始，逐渐向上部

白粉病叶片症状

白粉病大田症状

蔓延，防治不及时蔓延迅速。

2. 防治方法

（1）及时摘除侧蔓及老叶、病叶，保持通风透光。

（2）发病初期可用50%硫黄悬浮剂250倍液喷雾防治，每隔7~10天1次，连喷2~3次，或用25%粉锈宁1 500倍液、40%灭病威500~600倍液等进行防治。

（二）枯萎病

1. 为害特点

发病初期，表现为白天叶片萎蔫下垂，夜间又恢复正常，局部叶片发黄，反复数天后全株萎蔫死亡。病株接触土面的蔓部则呈现水渍状腐烂，剥开病蔓会发现里面变褐色；干枯后成麻状。

枯萎病植株症状

2. 防治方法

（1）以预防为主，避免与瓜类作物连作，最好实行水旱轮作。

（2）加强栽培管理及田间清洁，或用多菌灵按1∶100配成药土，播种前撒在定植穴进行药剂防治。

（3）及时拔除病株，病穴及邻近植株灌淋50%多菌灵500倍液或10%双效灵250倍液，每株灌兑好的药液0.5升，也可用43%好立克3 000倍液或25%敌力脱1 500倍液等，每株灌兑好的药液0.25升。

（三）炭疽病

1. 为害特点

当叶片感病时，最初出现水渍状纺锤形或圆形斑点，叶片干枯成黑色，外围有一紫黑色圈，似同心轮纹状。干燥时，病斑中央破裂，叶提前脱落。

2. 防治方法

发病初期喷洒50%苯菌灵1 500倍液、50%炭疽福美400倍液、28%叶斑净1 500倍液、2%农抗120或80%大生500倍液等。

炭疽病叶片症状

（四）瓜实蝇

1. 为害特点

瓜实蝇又名针蜂，其成虫在幼瓜表皮内产卵，幼虫孵化后钻入果实内取食，使受害瓜局部变黄，然后全瓜腐烂。

2. 防治方法

（1）用90%敌百虫1 000倍液加3%白醋，也可用香蕉皮或菠萝皮40份，加敌百虫晶体0.5份，加水调成糊状，直接涂于瓜架上或装入容器放置在架下诱杀成虫。或于盛花期悬挂黏蝇纸于挂棚下，每亩约20张，用于黏捕。

瓜实蝇为害果实状

（2）及时摘除被害瓜，喷药处理落瓜、烂瓜并深埋。

（3）在瓜实蝇严重地区给幼瓜加套纸袋，避免成虫产卵。

（4）在成虫盛发期选中午或傍晚喷洒80%敌百虫1 000倍液、灭杀毙6 000倍液、50%敌敌畏1 000倍液或2.5%溴氰菊酯3 000倍液等防治（连土面一起喷），每隔3~5天1次，连喷2~3次。在采收期喷药要特别注意农药的残留期，确保无公害产品上市。

瓜实蝇

第五节　丝　　瓜

一、优良品种介绍

丝瓜分为两个栽培种：普通丝瓜别名圆筒丝瓜、蛮瓜等，广东等地通常称为水瓜，生长期较长；有棱丝瓜别名棱角丝瓜，广东等地通常称为丝瓜、胜瓜等，生长势比普通丝瓜稍弱，需肥多，不耐瘠。

（一）普通丝瓜

普通丝瓜生长势强，叶掌状，深裂程度因品种而不同，果实从短圆柱形至长棒形。分布广，南北均有栽培，中国以长江流域和长江以北各省区栽培较多。

1. 中度水瓜

广东农家品种。茎蔓分枝力强，主侧蔓均可结果，皮深绿色，有光泽，有少量瘤状突起，瓜圆筒形，上下较匀称，瓜长25~32厘米，横径约4.5厘米，一般单瓜重250~300克。

2. 短度水瓜

广东农家品种。分枝性强，主侧蔓均可结果。中迟熟，皮绿色，有光泽，有少量瘤状突起，商品瓜圆筒形，上下匀称，果实长25厘米左右，横径5厘米左右。

3. 双丰1号肉丝瓜

汕头市白沙蔬菜原种研究所育成品种。第一雌花着生于主蔓第12~15节，瓜短圆柱形、匀称，瓜长约25厘米，横径约6厘米，单瓜重约450克，皮色翠绿。潮汕地区春播1—3月，秋播7—8月。

（二）有棱丝瓜

有棱丝瓜生长势较旺盛，叶掌状浅裂，果实长棒形或短棒形，具棱角，果皮色有深绿色、绿色或绿白色等。主要分布于广东、广西和福建等华南地区，近年来全国各地均有引进栽培。

雅绿 2 号

1. 雅绿 2 号

广东省农业科学院蔬菜研究所育成品种。瓜长棍棒形，瓜长 54.5 厘米，横径 4.8 厘米。中熟，适宜华南地区 2—4 月或 7—8 月种植。

雅绿 6 号

2. 雅绿 6 号

广东省农业科学院蔬菜研究所育成品种。瓜长棍棒形，瓜长 48~60 厘米，横径 4.6~5.0 厘米，单瓜重 400~500 克，单株产量 1.37~1.82 千克。瓜色深绿，外皮无花斑，棱沟浅，棱色墨绿。中熟，广州地区适播期 1 月至 4 月上旬，7 月至 8 月上旬。

雅绿 8 号

3. 雅绿 8 号

广东省农业科学院蔬菜研究所育成品种。生长势中等，瓜身上下端较匀称，粗直，盛收期瓜长 40~55 厘米，横径约 4.8 厘米，单瓜重 350~450 克，单株产量 1.24~1.58 千克，色绿，显嫩，肉质结实，口感脆甜，不易空心，货架期长，耐贮运。广州地区适播期 3 月中旬至 4 月，6—7 月。

4. 粤优丝瓜

广东省农业科学院蔬菜研究所育成品种。中早熟，生长势和分枝力强。皮色绿白、有花点，瓜长约 50 厘米，横径约 5 厘米。珠江三角洲地区适播期春植为1—3月，秋植7—9月。

5. 绿胜3号

广州市农业科学研究院育成。瓜长棍棒形，深绿色，长50~55厘米，横径约5厘米，棱沟中等，墨绿色。单瓜重362.9~385.3克，单株产量1.35~1.36千克。适播期春植2—3月，秋植7月中旬至8月。

粤优丝瓜

6. 江秀7号大肉丝瓜

江门市农业科学研究所育成。瓜棍棒形，皮绿白色，花斑小而多，瓜长45厘米左右，横径5厘米左右，单瓜重400克左右。广东省适播期春植2—3月，秋植7—8月。

7. 白沙夏优3号

汕头市白沙蔬菜原种研究所育成。瓜短棍棒形，瓜皮浅绿色，果长38厘米，横径5厘米，单瓜重271~356克。粤东地区春植2—3月播种，秋植7—8月播种。

8. 高朋丝瓜

广东省良种引进服务公司育成。瓜呈棍棒形，瓜色浅绿，瓜较短，长46.8厘米，横径4.9厘米，瓜外皮上有较多的花斑，棱沟较浅，棱色绿白，单瓜重330.3~351.7克，单株产量1.59~1.73千克。珠江三角洲地区适播期为春植1—3月，秋植7—9月。

二、对环境条件的要求

在适宜的生长季节，种子发芽期2~7天，幼苗期15~25天，抽蔓期10天左右，开花结果期60~80天。自播种至采收结束需100~120天。

（一）光照

丝瓜是典型的短日性植物，长日照下发育慢。长日照下延迟发生雌雄花，雄花数增加。短日照下发育快，短日照能加速植株的雌性发育，提早发生雌花，增加雌花数和提高雌雄花比率等，这些效应随着短日处理天数的增加而加强。不同品种对短日条件的反应有较大差异。丝瓜的生长发育以高温短日条件为理想，在丝瓜的生育初期尤其是这样。因此，应视品种选定适当的播种时期，以获得有利的光照和温度条件。

（二）温度

丝瓜是喜温且耐热的蔬菜。种子的发芽温度适于25~35℃。种子在充分吸水后，在28~30℃时能迅速发芽，20℃以下发芽缓慢而且不整齐。茎叶生长和开花结果都要求较高温度。温度在20℃以上生长迅速，在30℃时仍然能正常开花结果，20℃以下生长缓慢，10℃以下生长受抑制甚至受冻害。

（三）水分

丝瓜适宜空气湿度较大和土壤水分充足的环境。结果期更要充足的水分，宜保持土壤相对湿度80%~90%。

（四）土壤与养分

丝瓜对土壤营养的要求比较高，植株转入生殖生长以后，只有维持较高水平的茎叶生长才能良好结果。在丝瓜的开花结果期，营养不足，会导致茎叶生长变弱，坐果率降低，畸形果增加。

三、实用栽培技术

（一）播种季节及品种选择

丝瓜直播的最早时期以当地温度稳定在18℃为标准。值得注意的是，不同播期应选择相应的品种。早春、晚秋选较迟熟品种，夏季选耐热、早熟、雌性强、对短日照要求不严格的品种。春秋季最适丝瓜生长，大多品种均有较好表现，应种植优质、丰产品种。

春季种植对短日照要求不严格的有棱丝瓜早熟品种，如播种过早，植株因低温、短日照而发育早，前期植株雄花极少，影响前期的授粉结果，故宜间作少量对短日照要求严格、来雄花较早的品种以供采粉，可提高早期产量。

（二）选地、整地

丝瓜的根系发达，较耐湿也较耐旱，在各种土壤条件下都可以生长，但以保水保肥性良好、耕作层深厚的壤土较好。有棱丝瓜连作病害较重，不宜两茬连种，应与非瓜类、豆类蔬菜轮作。地选好后，深耕晒白，精细整地，采用深沟高畦栽培。春、秋植应施足基肥。基肥应以有机肥为主，每亩可施腐熟有机肥 1 500 千克。广州周边地区一般起高畦，畦宽 1.7~2 米（包沟）。

（三）播种、定植

丝瓜种壳较厚且具蜡质，特别是新种子的透气、透水情况更差。在早春播种时常常会遇到种子发芽缓慢、不整齐的情况，故浸种催芽时要注意，浸泡种子的时间不宜过长。促进有棱丝瓜种子发芽较简单而有效的方法有：

穴盘育苗

（1）破壳。浸种 3~4 小时种子吸水膨胀后用工具将种脐磕（夹）开，注意不要磕（夹）伤胚芽及子叶，然后按正常方法继续浸种，置 30℃左右下催芽即可。

（2）过氧化氢浸种。用 0.5%~1% 的过氧化氢溶液浸种 6~10 小时后用清水冲洗干净，然后置 30℃左右下催芽即可。催芽宜短不宜长，一般催芽到约一半种子开口稍露芽尖时即可播种。

一般以育苗移栽较好，秋植可直播。育苗土必须肥沃，富含有机质，有良好的保水保肥性，且空气通透性好，无病虫害。不宜直接用菜园土配制育苗营养土，最好用专用育苗基质或未种过菜的土壤配制。

在确定丝瓜的栽植密度时，首先应考虑品种的结果习性，结果能力较强比结果能力较弱的品种可密些，果实较小比果实较大的品种也可密些；其次，不同栽培季节的栽植密度不同，春播和夏播的气候较适合，茎叶生长和结果较好，生长期较长，不宜过密，秋播则可适当密植；还应根据棚架方式和肥力等条件而定。一般栽培有棱丝瓜单行植株距 15~25 厘米，双行植株行距 30~80 厘米。

（四）田间管理

丝瓜对有机肥反应良好，可显著改善其外观颜色和风味等，且丝瓜连续结果，结果期长，肥水供应要均衡，施肥应以有机肥为主，其中以氮、磷、钾齐全且肥效长的经充分腐熟发酵的各种禽畜粪便和麸类等为好。施用量还应根据不同栽培季节、生长期长短和土壤肥力状况而定。早春植丝瓜的前期气温比较低，有时还有寒潮，苗期应控制肥水，进行锻炼，以提高抵抗低温能力，待气温回升以后，应及时供给肥水，促进生长。春丝瓜适宜生长季节长，需持续施肥，应施足基肥并注意结果期追肥，才能延长生长期和结果期。夏丝瓜的生长期正值高温长日，往往容易徒长，在开花结果以前控制施肥和灌溉，以提高碳氮比率，促进发育，待出现雌花时才开始追肥。秋丝瓜适宜的生长季节短，应施足基肥，而且自生长开始便要加强肥水，加速生长与结果，才能获得较好的收成。在广州郊区亩产 1 500~1 800 千克时，一般施肥量约需腐熟厩肥 1 500 千克、过磷酸钙约 45 千克、三元复合肥（N、P、K 各 15%）约 25 千克、氯化钾约 2 千克和尿素约 25 千克。春、秋季栽培在插竹前及第一雌花开花时结合培土培肥各 1 次：每亩用花生麸 25~30 千克、复合肥 20~30 千克。夏季栽培结果前不施或少施肥。采收后均应培肥 1~2 次，以后每采收 1~2 次追肥 1 次。

人字架

丝瓜比较适应较高的土壤湿度，要经常保持土壤湿润，结果期更要充足的水分，宜保持土壤相对湿度80%~90%，要早、晚浇水，否则水分不足，果实易纤维化，品质下降。

丝瓜茎叶茂盛，需要设置比较高大的棚架或支架，使茎蔓有较适宜的生长空间，棚架的形式主要有：篱笆架、棚架、人字架等。广州地区春、秋种植的有棱丝瓜苗高20~23厘米时即可插竹引蔓。夏植一般在雌花开始出现，窝藤结束后插竹引蔓。以“之”字形均匀地横斜引蔓，注意把瓜蔓均匀分布棚架上，防止过快封顶。丝瓜的主蔓和侧蔓都能坐果，一般以主蔓结果为主，且主蔓结果较粗直，随着结果期的延长，侧蔓结果越来越多，但不同季节，丝瓜主蔓和侧蔓的结果情况是有变化的。第一个瓜坐果前，只保留主蔓，侧蔓全部摘除。坐第一个瓜后，保留3~4条强壮、有雌花的侧枝，任其生长，摘除部分瘦弱、过密或染病的侧枝，并及时摘除病、老、黄、密的叶片和过多的雄花等。

人工辅助授粉可显著增加坐果，减少畸形果，是获得丝瓜高产的重要措施。方法是：在丝瓜开花时任意摘取当天开花的雄花与雌花相对轻轻摩擦，使柱头上沾上花粉即可。

有棱丝瓜果实较长，遇到障碍物容易歪曲，故需及时清理卷须、植株、叶等障碍物，使幼瓜顺利下垂。幼瓜轻微弯曲时，可在成瓜后2~3天，在瓜顶部挂一个约100克的泥袋或其他小重物，一般可使幼瓜变直。其他畸形瓜则要尽早摘除。

商品果的采收一般在开花后6~10天，因果实发育期间的气候条件不同而变化，一般当瓜条饱满、果皮具光泽时便可采收。采收要及时，否则不仅会影响后续坐果，还使植株老化，对产量影响大。在采收期使用农药要特别注意农药的残留期，确保无公害产品上市。

四、主要病虫害及防治

（一）霜霉病

1. 为害特点

主要为害叶片，初期在叶面出现不规则褪绿斑，逐步扩展为多角

形，黄褐色病斑，湿度大时病斑背面长出褐色霉层，严重时病斑连片成块干枯，春末夏初天暖多雨，丝瓜进入初收期后是发病高峰期。

丝瓜霜霉病症状

2. 防治方法

尽量争取在发病初期全面喷药，每隔 7~10 天 1 次。药剂可选用 40% 烯酰吗啉、72% 霜脲·锰锌、50% 氯溴异氰尿酸等。对病情严重的田块，可先摘除病叶集中处理再喷药。

（二）褐斑病

1. 为害特点

主要为害叶片，病斑褐色至灰褐色，圆形、长形或不规则形。温暖高湿、偏施氮肥或连作地发病重。

2. 防治方法

可选用 64% 杀毒矾、75% 百菌清、50% 甲基托布津等防治。

（三）化瓜、尖嘴瓜等果实生理病害

化瓜是指瓜条不伸长生长或伸长一段后停止生长的现象，夏植丝瓜尤其严重，甚至会造成瓜苗徒长不能结果。

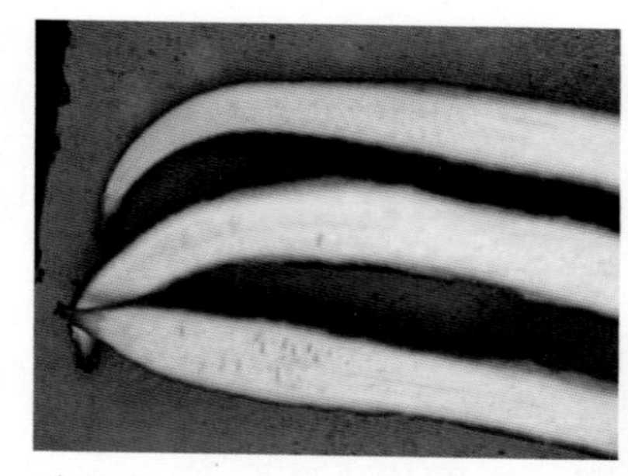

畸形瓜

1. 原因

（1）生长期日照长温度高，特别是夜温高，昼夜温差小，导致植株营养生长与生殖生长失调，营养生长过旺，幼瓜竞争不到营养。下部瓜不能及时采收，上部瓜难以得到养分。

（2）有机肥使用量少，氮肥不足，结果期肥水供应不均衡。

（3）植株生长过旺过密，通风透光不良。

（4）授粉昆虫少，授粉不充分等均可造成化瓜。“尖嘴瓜”则主要是由于授粉不良或在果实膨大后期肥水不足，果实得不到均衡充足的营养供应而产生的。

2. 防治方法

此类病害主要是要加强相应的栽培管理措施，珠江三角洲地区5—6月播种的有棱丝瓜，为防徒长在开花结果以前要控制肥水，以提高碳氮比率，促进发育，待雌花伸长生长时才开始追肥。施肥以有机肥为主，人工辅助授粉，及时采收商品瓜及摘除畸形瓜等均可减轻化瓜、尖嘴瓜等果实生理病害的发生。

（四）美洲斑潜蝇

1. 为害特点

幼虫潜入叶片或叶柄为害，产生不规则白色虫道。

斑潜蝇为害状

2. 防治方法

防治上首先要进行田园清洁，清除已受为害的叶片和田间杂草；其次要在刚发现虫道时就要用药，药剂可用灭蝇胺或甲氨基阿维菌素类农药。

（五）守瓜

1. 为害特点

成虫、幼虫均能为害。成虫喜食瓜叶和花瓣，还可为害幼苗皮层，咬断嫩茎和食害幼果。幼虫在地下专食瓜类根部，重者使植株萎蔫而死。

2. 防治方法

苗期为害较重，成虫可用10%高效氯氰菊酯、敌百虫等药剂防治，土面淋施敌百虫可防治幼虫。

（六）瓜实蝇

1. 为害特点

又名针蜂，其成虫在幼瓜表皮内产卵，幼虫孵化后钻入果实内取食，使果实发育受到影响而畸形，受害瓜局部变黄，然后全瓜腐烂。瓜实蝇成虫在杂草上越冬，第二年4月开始活动，5—6月为害较重。

瓜实蝇

诱杀

2. 防治方法

（1）及时摘除被害瓜，并深埋。

（2）用90%敌百虫1 000倍液加3%白醋，也可用香蕉皮或菠萝皮40份，加敌百虫晶体0.5份，加水调成糊状，直接涂于瓜架上或装入容器放置在架下诱杀成虫。

（3）使用针蜂雄虫性引诱剂（针蜂净）诱杀。方法：用性引诱剂专用的瓶子或在可乐瓶瓶壁上挖一小圆孔，用棉花制成诱芯滴上2毫升引诱剂和数滴敌敌畏挂在瓶内，一个月加1次引诱剂。每亩放1~2只。注意：避阳光，防风雨。

（4）用纸袋套幼瓜，避免成虫产卵。

（5）在成虫盛发期选中午或傍晚喷施10%灭蝇胺、5%高效氯氟氰菊酯、50%敌敌畏乳油等防治（连土面一起喷），每隔3~5天1次，连喷2~3次。

第六节　南　　瓜

一、优良品种介绍

（一）蜜本南瓜

蜜本南瓜

广东省汕头市白沙蔬菜原种研究所育成的中国南瓜一代杂种。植株蔓生，分枝性强，生长旺盛，抗逆性强，适应性广。第一雌花着生节位15~16节，果实棒槌形，单瓜重2.5~3.5千克，成熟瓜皮色棕黄，肉色橙红，品质优良。播种至初收约100天，亩产2 000~2 500千克，耐贮运。对日照敏感，春季迟播影响坐果。广东适播期春季1月下旬至3月初，秋季7月下旬至8月上旬。

（二）广蜜1号

广蜜1号

广东省农业科学院蔬菜研究所育成的中国南瓜一代杂种。植株蔓生，生长势、分枝性强，抗病性、耐湿性及耐热性较好，适应性广。第一雌花节位约15节，雌花期集中，坐果性好，果实哑铃形，成熟瓜皮色棕黄带绿网纹，单瓜重3~4千克，大的可10千克以上，果形好，大小均匀，肉色橙黄，品质好，采收期集中。播种至初收约95天，亩产2 000~2 500千克，耐贮运。对日照不太敏感，可在黄河以北地区种植。广东适播期春季1月下旬至3月中旬，秋季7月下旬至8月中旬。

（三）香蜜小南瓜

香蜜小南瓜

广东省农业科学院蔬菜研究所育成的中国南瓜小果型一代杂种。蔓生，生长势较强，第一雌花节位约 15 节，连续坐果性好，一般单株坐果 3~5 个，果实扁圆形，单瓜重 1~2 千克，播种至初收约 95 天，成熟瓜皮黄褐色，有灰绿色斑，肉色橙黄，肉质致密，品质好，抗病、耐湿性强。广东适播期春季 1 月下旬至 3 月上中旬，秋季 7 月下旬至 8 月上旬。

（四）东升

东升

台湾农友种苗股份有限公司育成的印度南瓜一代杂种。植株蔓生，生长势较旺，适应性广。第一雌花节位约 10 节，坐果性较好，果实近高圆形，单瓜重 1~1.5 千克，早熟，授粉后约 40 天可采摘，果皮红色，肉色橙黄，品质好，风味佳，耐贮运。坐果期温度较高时果皮易发生绿斑。性喜冷凉，广东春季 1 月至 3 月初播种，秋季 8 月下旬至 9 月上旬播种。

（五）丹红 3 号

丹红 3 号

广东省农业科学院蔬菜研究所育成的印度南瓜一代杂种。植株蔓生，生长势较旺，适应性广。第一雌花节位约8节，坐果性好，果实扁圆形，单瓜重1~1.5千克，早熟，授粉后约40天采收，果皮红色，有淡黄色斑，肉色橙黄，品质好。耐热性较好，绿斑皮瓜少，耐贮运。在广东春季1月至3月初播种，秋季8月下旬至9月上中旬播种。

二、对环境条件的要求

（一）温度

种子发芽适温为25~30℃，植株生长发育适宜温度为18~30℃，开花坐果的温度在20℃以上，低于15℃或高于32℃都会出现落花、落果或果实发育不正常等现象。印度南瓜耐寒性较强，但耐热性较差，中国南瓜对温度的适应性较强。

（二）光照

南瓜属短日照作物，短日照条件下有利于雌花的生成。迟熟品种在长日照条件下雌花迟开，而且花期不集中。在光照充足的条件下生长良好，果实生长发育快而且品质好，在光照不足条件下，植株生长不良，易化瓜，影响产量和质量。

（三）水分

南瓜根系发达，抗旱能力强，但由于叶面积大，蒸腾作用强，耗水量大，如土壤和空气湿度过低，易发生萎蔫现象，如果萎蔫延续的时间较长，会妨碍植株的正常生长发育，故必须保持土壤一定的湿度，但遇阴雨连绵，田间积水又会影响根系生长。开花坐果期湿度过大，常造成不能正常授粉而落花、落果，还容易引发病害。所以，南瓜是一种喜水怕涝的作物，不同时期对水分的要求有所不同。印度南瓜前期怕干旱，后期怕水渍，中国南瓜的耐湿性较印度南瓜强。

（四）土壤

南瓜对土壤的要求不太严格，但以排灌良好、肥沃疏松、保水保肥的中性或微酸性（pH 5.5~6.8）的壤土或沙壤土较适宜。如在新开垦的贫瘠土壤上种植，要多施有机肥，改良土壤以提高保水保肥能力。连作对南瓜生长会有不利的影响，同一地块旱作连作间隔期 2~3 年，水旱轮作要 1 年，但可与玉米等作物间作或套种。

三、实用栽培技术

（一）整地

南瓜生产有爬地栽培和搭架栽培两种模式。爬地栽培畦宽约 5 米，搭架栽培畦宽约 1.8 米。深耕翻土，精耕细耙，广东多雨要起高畦，开好排水沟。

（二）播种育苗

广东一年可种 2 造，春植通常采用小拱棚或大棚保温育苗移栽的方式，秋植可直播。播种前种子先用温水浸泡，自然冷却，5~6 小时后把种子在温水中洗 2~3 次，用稍湿的报纸包着，放在塑料袋中保湿，在 28~30℃的条件下催芽，芽冒出时即可播种，时间约 2 天。

育苗用的营养土最好采自水稻田，减少瓜类的病源。用 4 份水稻田土与 6 份蘑菇渣，加少量复合肥混合堆沤 10 天以上，然后装杯。播种前淋透营养土，每杯播种 1~2 粒，芽向下，然后覆土约 1 厘米厚，再淋 1 次水。

大棚育苗

移植苗

育苗期采用“一高一低”的温度管理，即播种后盖好棚膜，保持高温促进出苗，一般 3 天种子会出土，待大部分幼苗出土后，棚内温度保持 15~25℃，温度不低于 15℃时应保持通风状态，防止棚内湿度过大出现病害或温度过高出现幼苗徒长的现象。

水、肥、温度和病虫害防治是培育壮苗的条件。真叶长出后，视幼苗生长的情况淋复合肥水 2 次，浓度约 0.3%。南瓜苗期的病害较少，但湿度大和阳光少易引发病害，可结合淋肥，用 500 倍液的敌克松淋 1~2 次。

当苗长出 2~3 片真叶时即可移栽。移栽前 2~3 天要通风炼苗，并用 0.3% 的复合肥水淋 1 次苗。

（三）移栽

移栽前于畦两侧开种植沟，亩施腐热有机肥 2 000~3 000 千克、复合肥 10~15 千克，再覆上土。当温度稳定在 15℃时，选阴天或傍晚移栽。苗栽在种植沟上，株距约 0.6 米。种植沟覆盖地膜，是一项很好的保水、保肥和减轻病害发生的有效措施。移栽时营养杯淋足水，使苗易于取出并且营养土不易散，移植后淋足定根水，以提高移植的成活率。秋季种植可采用大田直播的形式，先浸种催芽，当芽长出后即可播在种植穴中，覆上土并淋足水。

（四）田间管理

移栽后注意水分管理，如无雨天气要连续淋水 3 天，缓苗后用 0.3%~0.5% 的复合肥水淋苗 2 次。伸蔓期，结合中耕除草，在苗的旁边开沟亩施复合肥约 10 千克。

可采用单蔓或双蔓式整枝。单蔓整枝是只留主蔓，侧蔓均摘除，双蔓整枝是在 5~6 片真叶时打顶，选留 2 条健壮均匀的子蔓，其余侧蔓摘除。当蔓长 0.6~0.8 米时，爬地栽培相向引蔓，中国南瓜可进行压蔓处理，具体做法是在离顶端约 15 厘米处挖一浅沟，把茎节埋入沟中培土压住，以后 4~5 节再压第二道，共 2~3 次。开花坐果期，在果的前后 2 节处压蔓对果的生长发育有很好的效果。如采用搭架栽培，当

爬地栽培

搭架栽培

植株长约0.6米时，插竹搭架以牵引植株向上生长。

开花坐果前根据植株生长情况，在靠近根部的地方开沟或挖穴，亩施复合肥10~20千克、钾肥20千克。广东春植雨水较多，应做好排水工作，降低田间湿度。秋植中、后期雨水较少，要抓好沟灌工作，灌溉水达沟深1/3的高度，并泼淋畦面，傍晚时将水排干。果实膨大期是需肥水最多的时期，要注意肥水的供应，无雨天气淋水肥的效果特别好，约5天1次，连续2~3次。南瓜忌使用含激素的叶面肥，坐果中期可用0.3%的磷酸二氢钾加尿素液作叶面肥喷施。

（五）人工辅助授粉

南瓜授粉主要靠昆虫，开花结果期如遇雨天，昆虫少，会影响坐果，人工辅助授粉可提高坐果率。具体做法是在下午对明天将开放的雌、雄花用细小的铝线把花瓣扎住，以防雨水淋湿开放的花朵，第二天早上取雄花，去掉花瓣，把花粉涂在雌花的柱头上，再把雌花花瓣扎住。1朵雄花可授3~4朵雌花。

（六）采收

南瓜以食老果为主，但也可以食嫩果。如采收嫩果，可在授粉后10~15天采收，采收老果一般在授粉后35~45天采摘。采收老熟果的标准一般是指甲轻划瓜皮不易破裂，皮变硬，皮色亮度转暗。越是充分成熟的瓜，含干物质越多，越有利于贮藏且品质风味好。

四、主要病虫害及防治

南瓜主要病害有疫病、白粉病、病毒病等，虫害主要为斑潜蝇、烟粉虱、瓜绢螟、斜纹夜蛾、瓜实蝇、蚜虫、蓟马等。以防为主，综合防治是病虫害防治工作的重点，其中虫害的物理防治措施有如下几点：

（1）用香蕉皮或菠萝皮（也可用南瓜、番薯蒸熟经发酵）40 份 +90% 敌百虫 0.5 份 + 香精 1 份、加水调成糊状毒饵，装入容器挂于田间，每亩 20 个点，每点放 25 克。

（2）使用性引诱剂（针蜂净）诱杀瓜实蝇。

（3）及时摘除被害瓜，喷药处理烂瓜，并深埋。

（4）每亩悬挂 30~40 块黄板（机油加黄油调匀）诱杀美洲斑潜蝇、蚜虫、烟粉虱、瓜实蝇等。

（一）疫病

1. 为害特点

主要侵害茎、叶、果各部位，茎部染病初为水渍状，条件适宜时病部快速扩大，变软缢缩，病部以上叶片迅速萎蔫。果实染病初呈水渍状斑点，后病部凹陷，溢出胶状物，病斑扩大引致瓜腐烂，表面生白霉。病菌借雨水、灌溉水传播。降水量多的年份发病重，地势低洼、排水不良、重茬地、施用未腐熟带有病残体的厩肥，或偏施氮肥的发病重。

南瓜疫病症状

2. 防治方法

（1）发病初期用 75% 百菌清、64% 杀毒矾或 75% 瑞毒霉 500~600 倍液喷雾，每隔 7~10 天 1 次，连喷 2~3 次。

（2）用75%瑞毒霉混沙结合中耕培土埋在根部。

（二）白粉病

1. 为害特点

苗期、成株期均可发病，植株生长中后期发病较重。初始在叶片上出现白色小霉点，逐渐扩大成一片白粉层，布满整个叶片，并可蔓延至叶背、叶柄和茎部，严重时，叶片逐渐变黄、干枯，造成植株早衰而影响产量和质量。植株徒长、枝叶过密、通风不良、光照不足的田间病情发生较重。

南瓜白粉病症状

2. 防治方法

可用75%甲基托布津500倍液或25%粉锈宁1 000倍液喷杀，每隔7~10天1次，连喷2~3次。

（三）细菌性病害

1. 为害特点

细菌性病害症状表现为叶片萎蔫、腐烂、穿孔等，病斑表面光滑，没有菌丝和孢子形成的霉状物，发病后期遇潮湿天气，在病害部位溢

细菌性病害症状

出菌脓。

2. 防治方法

一般选择 72% 农用链霉素 4 000 倍液、77% 可杀得 400 倍液防治，每隔 3~5 天 1 次，连喷 2 次。

（四）病毒病

1. 为害特点

主要表现叶绿素分布不均，叶面出现黄斑或深浅相间斑驳花叶，有时沿叶脉叶绿素浓度增高，形成深绿色相间带，严重的致叶面呈现凹凸不平，脉皱曲变形。一般新叶症状较老叶明显。病情严重的茎蔓和顶叶扭缩，果实畸形，甚至不坐果。

南瓜病毒病症状

2. 防治方法

（1）病毒病可由种子带毒或蚜虫等通过汁液传毒。如防种子带毒可用 10% 的磷酸钠溶液先浸种 20 分钟，用水洗干净后再浸种。

（2）要及时防治蚜虫、烟粉虱，减轻本病的传播源。

（3）另外高温、干旱的条件下病毒病发生特别严重，尤其是印度南瓜，所以生长前期要大水大肥，使植株生长健壮，可有效地减轻病毒病的发生。

（4）如发现病毒株，要及时拔除，防止蔓延，并用 20% 病毒 A 1 000 倍液、毒克星 400 倍液、病毒威 600 倍液等加 0.3% 的磷酸二氢钾叶面喷施，每隔 5~7 天 1 次，连喷 2 次。

另外在有除草剂残留的土壤中种植或喷了含有激素的叶面肥，植株会出现类似病毒病的症状，需区别对待。

（五）烟粉虱

1．为害特点

主要为害叶片，吸食汁液，影响植株正常生长，同时可传播病毒病。

2．防治方法

可用5%锐劲特1 500倍液、10%虱蚜铧1 000倍液、10%高效大功臣3 000倍液、40%七星宝1 000倍液或10%吡虫啉2 000倍液等防治。

（六）瓜绢螟

1．为害特点

幼虫在叶背啃食叶肉，也常蛀入瓜内，造成烂果。

2．防治方法

用10%灭百可500倍液或80%敌敌畏1 000倍液等喷杀。

（七）斜纹夜蛾

1．为害特点

幼虫为害嫩芽、叶、花及果实，严重时可将全田叶片吃光。

2．防治方法

用10%灭百可500倍液，加上5%抑太保1 000倍液喷杀。

斜纹夜蛾为害状

（八）瓜实蝇

1．为害特点

主要为害果实。成虫以产卵管刺入幼瓜表皮内产卵，幼虫孵化后即钻进瓜内取食，受害瓜先局部变黄，然后全瓜腐烂变臭，造成大量落瓜。

2．防治方法

可用1%菜蛾清1 000倍液加80%敌百虫800倍液喷杀幼虫和成虫，

每隔 3~5 天 1 次，连喷多次。

（九）蚜虫

1. 为害特点

主要在叶背和嫩茎上吸食汁液，造成叶片卷缩，生长受阻。同时可传播病毒病。

2. 防治方法

可用蓟蚜威 800~1 500 倍液、蓟芽清 500 倍液或敌芽虱 500~750 倍液喷杀。

（十）蓟马

1. 为害特点

主要为害嫩芽，使生长点萎缩变黄，心叶不能展开。

2. 防治方法

参考蚜虫防治。

（十一）根结线虫

1. 为害特点

为害根部，影响植株生长。主要表现为病株生长缓慢、矮小，叶片小而黄。高温干燥天气，中午萎蔫，严重时后期枯死。拔出根部有许多瘤状虫瘿。

2. 防治方法

土地轮作、水泡；种植时每亩穴施 50% 克线磷颗粒剂约 0.5 千克或 10% 力满库颗粒剂 5 千克；发现虫害时用 2% 阿维菌素 1 000~2 000 倍液灌根。

第七节　白　　瓜

白瓜即越瓜，属于葫芦科甜瓜属中一年生蔓生草本植物，植株匍匐生长，侧蔓结果。以华南及台湾地区栽培较普遍，因其喜温、耐热、耐旱、耐湿性强等特性，是广东夏秋度淡主要蔬菜之一。

一、优良品种介绍

白瓜依据采收期果实果皮的颜色分为青筋和白筋两种主要类型，依果实长短差异主要分为长度、中度和短度白瓜 3 种类型。

（一）秀美青筋白瓜

秀美青筋白瓜

广东省农业科学院蔬菜研究所育成的白瓜新品种。生长旺盛，植株蔓生。侧蔓第 1~2 节着生雌花，全生育期 60~65 天，从播种至初收 35~40 天，延续采收 20~30 天。果实长 30 厘米，横径 4.7 厘米，单瓜重 300 克。瓜皮青绿色，有明显绿色沟状纵纹，肉厚，口感爽脆，品质优。耐热，抗逆性强。亩产 1 500 千克。华南地区适播期 4—8 月。

（二）白筋白瓜

白筋白瓜

广东省地方品种。植株蔓生，侧蔓第 1~2 节着生雌花。果实长 30~40 厘米，横径 4.5 厘米，肉厚 1.4 厘米，绿白色，单瓜重 300 克以上，肉质脆，品质好。播种至初收 30~35 天。华南地区适播期 3—8 月。

（三）长度白瓜

广东省地方品种。侧蔓第1~2节着生雌花。果实长30~40厘米，横径4.3厘米，绿白色，肉厚1.4厘米，白色，单瓜重约300克，质脆，味淡，品质好。播种至初收约35天，延续采收20~30天。长势中等，侧蔓多，侧蔓结果。耐热，耐肥力中等。华南地区适播期4—8月。

长度白瓜

（四）中度白瓜

广东省地方品种。侧蔓第1~2节着生雌花。果实长约26厘米，横径4.5厘米，绿白色，间有浅绿色纵纹，肉厚1.1厘米，白色，单瓜重约280克，质脆味淡，品质好。播种至初收30~45天，延续采收20~30天。长势中等，侧蔓多，耐热。华南地区适播期4—8月。

中度白瓜

（五）短度白瓜

广东省地方品种。植株蔓生，侧蔓第1~2节着生雌花。果实长18厘米，横径4.4厘米，绿白色，间有浅绿色纵纹，肉厚1.3厘米，白色，单瓜重200克，品质中等。播种至初收约35天，延续采收20~30天。长势中等，侧蔓多。粗生，抗性较强。华南地区适播期3—8月。

短度白瓜

二、对环境条件的要求

（一）温度

白瓜喜温耐热，适宜在较高温度下生长发育，但不耐寒，其不同生长阶段对温度要求有所不同。种子于15℃以上开始发芽，28~32℃

为最适发芽温度；根系生长适温为20~30℃，地温低于15℃，则根系生长受到抑制；整个植株生长发育适温为20~32℃，13℃以下生长受抑制，10℃以下停止生长甚至受冻害；气温高达40℃仍生育正常，但超过40℃易引起落花落果。

（二）光照

白瓜为喜光的中性日照植物，对日照长度不敏感，一般在8~16小时日照环境中，均能正常开花结实。但不耐阴，光照不足会降低抗寒力、抗病性；充足的光照有利于茎叶生长和光合作用，促进果实发育，增加产量，提高品质。

（三）水分

白瓜耐旱、耐湿性均强，能适应干旱或多雨气候，但怕雨涝，忌骤雨骤晴或长期阴雨天气。在生长期间要求有70%~80%的空气相对湿度和土壤相对湿度。

（四）土壤营养

白瓜对土壤质地要求不严，适应性好。一般在土层深厚、富含有机质、排灌方便的黏壤土上栽培生长良好，产量高。白瓜耐肥力强，喜各种有机粪肥。

三、实用栽培技术

白瓜适播期4—8月，播种期因各地气候状况而异。由于生长迅速，生育期较短，一般采用直播。白瓜整个生育期55~70天。其生育期长短因品种、栽培季节和气候条件而异。早春气温低，生长发育慢，生育期较长，宜用生长期短、适合密植的早熟品种，如短度白瓜、高要农友银花等；盛夏气温高，生长发育快，生育期较短，采用青筋白瓜等较适宜。

（一）整地做畦

白瓜植株匍匐生长，不用支架引蔓，管理可较为粗放。因不耐涝，须排水良好。华南地区降水量大，多采用高畦、深排水沟、畦面覆地膜（或稻草、蕨类植物芒萁等）栽培方式，可避免果实着地沾泥，减少烂瓜机会。长江以北地区因降水量少，多用平畦栽培。

选前作非瓜类作物的田块种植。一般于春夏季当地气温上升到 20℃以上进行播种。播前每亩施猪粪等农家肥 1 500~2 000 千克、过磷酸钙 20~30 千克。施后翻耕平整、起畦，做成宽 1.8 米、高 30 厘米的高畦。

（二）播种

播种前最好浸种催芽。选择籽粒饱满、洁净的种子，用 55℃温水浸种，然后继续浸种 3~4 小时，沥干后用湿布包裹保湿，置于 200 瓦的白炽灯或恒温条件下催芽，温度保持在 28~30℃，经 24 小时即可出芽。生产上多采用直播，每亩用种量为 100 克左右。早春白瓜栽培，利用保温育苗温室或小拱棚栽培，可将播种期提早到 1—2 月，达到提早上市，增加收入的目的。

播种一般为穴播。采用单行植或双行植，行距 1.5~2 米。单行植，株距 20~30 厘米；双行植株距 40~60 厘米。每穴 3~5 粒。播后覆土。播后 5 天左右出土，齐苗后浇水。第 1 片真叶展开时进行第 1 次间苗，第 2~3 片真叶展开时第 2 次间苗，第 4~5 片真叶展开时定苗，每穴只留 1 株健壮苗。

（三）及时摘心、理蔓

白瓜为雌雄异花同株植物，主蔓第 3~5 节开始发生雄花，一般无雌花；子蔓、孙蔓第 1~2 节出现雌花，并且隔节再现雌花，表现雌花发生多而早，以子蔓、孙蔓结瓜为主，属侧蔓结果类型。因此，及时摘除主蔓，促生子蔓和孙蔓，是白瓜早熟增产的重要措施。摘心在晴天露水干后进行，有利于伤口愈合，且病菌不易侵入。具体做法是：

主蔓有 5~6 片叶时摘心，其后长出子蔓，保留 3~4 条强壮子蔓，摘心并及时理蔓使其均匀分布在主蔓两侧的畦面。每条子蔓 7~8 片叶时又摘心并留 2~3 条强壮孙蔓生长。孙蔓坐果后，先端留 2~3 片叶摘心，然后基本上放任生长。原则上种植株数少则留蔓多，株数多则留蔓少。注意子蔓生长初期，虽有雌花坐瓜，但此时果实营养不足，瓜小，常易畸形，故宜在摘心的同时将部分幼瓜摘除，使子蔓粗壮而长出孙蔓，全株蔓叶合理分布，不会过多重叠而阻挡阳光，以利于加强光合作用，积累有机物质，通风和减轻病虫的发生。

（四）肥水管理

白瓜生长迅速，坐瓜多，需肥量大且集中。在施足有机肥基肥的基础上，生长期间还需追肥（以无机肥为主）。一般出苗后 7~10 天施水肥 1 次（10% 的人粪尿水或 0.5 ~1% 的尿素溶液）；抽蔓后结合培土施重肥 1 次：亩施复合肥 20 千克、过磷酸钙 30 千克、尿素 10 千克，开沟施入后盖土。以后每采收 1~2 次追肥 1 次。此外，注意不偏施氮肥，以免植株徒长，落花落瓜，加重病虫害的发生。

白瓜喜湿怕涝，前期需水少，应注意控水。应在早晚淋水，忌午间淋水影响授粉结实。遇旱天或在旱地栽培时，要勤浇水。坐瓜后要供给充足水分，否则，容易落花或形成畸形瓜。遇干旱时应结合追肥适量灌溉。夏秋季台风多雨季节，注意及时排水，以免造成死苗、烂瓜，植株发病。同时，适当地增加追肥次数，减少每次追肥量。

（五）适时采收

白瓜以食嫩瓜为主。商品瓜于花后 7~10 天瓜条饱满，瓜皮出现光泽，颜色、花纹、瓜棱清晰明显时即可采收。华南地区 5—6 月多高温阴雨天气，因此，春植白瓜采收期间保产保质，预防烂瓜是关键；夏、秋植白瓜采收期间，正值台风季节，白瓜耐涝性较差，要特别注意防涝、排涝，以免植株水淹，病虫害发生严重。

四、主要病虫害及防治

（一）霜霉病

1. 为害特点

主要为害叶片，初在叶面现淡黄色小斑，后扩大而呈多角形，颜色亦由淡黄色变为黄褐色，严重时病斑融合为斑块致叶片干枯。潮湿时病斑背面现淡紫色霉状物，天气干燥时则很少现霉状物。

2. 防治方法

防治霜霉病应尽量争取在发病初期全面喷药，每隔 7~10 天 1 次，并把叶面和叶背都喷湿，对病情严重的田块可先摘除病叶集中处理再喷药。药剂可选用 58% 雷多米尔、72% 克露、58% 甲霜锰锌、70% 丙森锌等。

（二）白粉病

1. 为害特点

本病害很易发生，从苗期到收获期均可受害，以生长后期受害最重，主要为害叶片。发病初，叶面上现白色霉斑，后渐向四周扩展，形成近圆形斑块。条件适宜时，霉斑扩展十分迅速，病斑相互融合成一片，致整个叶片覆满一层白色粉状物。

2. 防治方法

（1）及时理蔓，使之分布在主蔓两侧畦面，防植株枝叶过密、重叠，保持通风透光，及时摘除黄叶、老叶、病叶；施足有机肥，增施磷、钾肥。

（2）发病初期可用小檗碱 800 倍液或 50% 胶体硫 150 倍液防治，约 5 天 1 次；中后期可用 8% 氟硅唑、25% 苯醚甲环唑、40% 腈菌唑、小檗碱 800 倍液等防治。

（三）炭疽病

1. 为害特点

叶、茎、果实均可发病。叶片发病，病斑初为淡黄色近圆形或不整齐形，边缘不明显，叶片上病斑少至多个，直径 5~20 毫米，后期病斑中央易破裂，病斑多时互相融合连成片，致叶片枯死。叶柄及茎染病，现出淡褐色至白色梭形或条形病斑。果实染病，初为淡绿色水渍状小点，后扩大为中间凹陷、近圆形的深褐色至和黑褐色病斑，有时表面溢出橙色黏稠物，致病瓜腐烂。

白瓜霜霉病叶片症状
（引自《中国蔬菜病虫原色图谱》）

2. 防治方法

可喷50%多菌灵1 000倍液、25%苯醚甲环唑800~1 000倍液或50%氯溴异氰脲酸1 500倍液，每隔7~10天1次，连喷3~4次。

（四）绵疫病

1. 为害特点

主要为害近成熟果实、叶和茎蔓。果实染病，初在近地面处现水渍状黄褐色斑，后期病部凹陷，其上密生白色绵状霉，严重的病瓜腐烂。

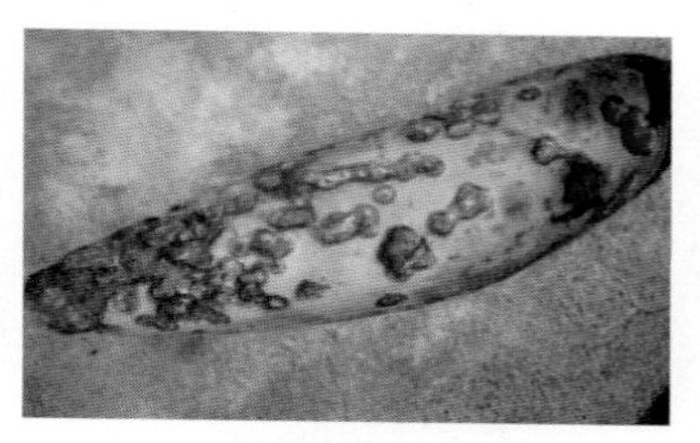
白瓜炭疽病叶片症状
（引自《中国蔬菜病虫原色图谱》）

2. 防治方法

将幼瓜摆到蔓叶上，可减少此病的发生，发病初期喷70%敌克松700倍液、77%可杀得500倍液、72%克露800倍液或50%甲霜铜800倍液等。

（五）美洲斑潜蝇

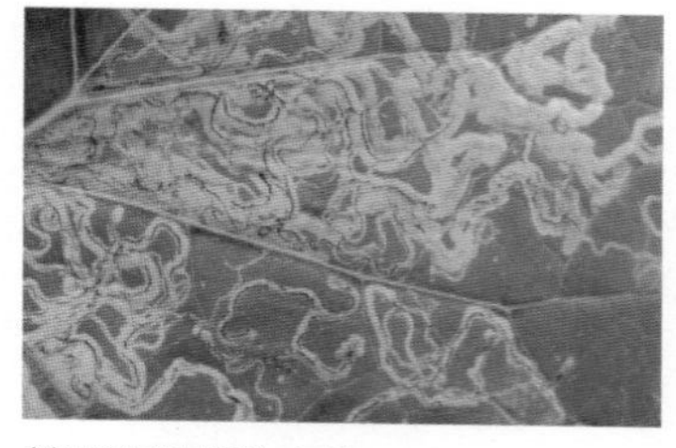
美洲斑潜蝇为害状

1. 为害特点

幼虫潜入叶片或叶柄为害，产生不规则白色虫道，俗称“鬼画符”。全年均可为害发病。从出土子叶到幼叶、成叶均可受害，叶上布满白色虫道，严重时植株全部叶片受害脱落，严重影响果实发育。

2. 防治方法

（1）进行田园清洁，清除已受害叶片和田间杂草。

（2）在刚发现虫道时就要用药，可用20%阿维杀虫单、10%灭蝇胺、4%阿维啶虫脒等含阿维菌素类药物防治。

（3）每亩悬挂30~40块黄板（10#机油加黄油调匀）诱杀。

第二章

茄果类蔬菜优良品种及实用栽培技术

第一节 番　茄

一、优良品种介绍

（一）适合夏、秋季栽培的品种

广东省夏、秋季气候炎热多雨，番茄青枯病和病毒病为害严重，在品种的选择方面应考虑抗青枯病品种。新星101、益丰、夏红番茄抗青枯病能力较强，但果实品质不尽人意，容易受到市场的影响。

1. 新星101

无限生长类型，中早熟品种。耐热。果实长圆形，外形美观。单果重120~150克，硬度较好，裂果和畸形果少，青果微绿肩，熟果鲜红、有光泽，风味酸甜可口。抗青枯病。

2. 益丰

无限生长类型，中早熟品种。耐热。果实长圆形，外形美观。单果重130克，硬度较好，裂果和畸形果少，青果绿肩，熟果鲜红、有光泽，风味酸甜可口。中抗青枯病。

3. 夏红番茄

有限生长类型，中早熟品种。耐热。果实圆形，外形美观。单果重110克，硬度一般，裂果和畸形果少，青果无绿肩，熟果鲜红、有光泽，风味酸甜可口。抗青枯病。

（二）适合冬、春季栽培的品种

冬、春季，广东省气温较低，很多地方没有霜冻，特别是土壤温度不是很高，番茄青枯病没有夏、秋季那么严重，可适当选择一些受市场欢迎的优质硬果实品种，如皇冠666、金钻三号、百利等，还有一些进口以色列和荷兰的品种。这些品种的果实商品性好，深受市民的欢迎，但由于不抗青枯病，栽培前期要注意预防青枯病。

1. 皇冠 666

硬果型番茄。无限生长类型，中早熟品种。耐热。果实扁圆形，外形美观。单果重 150~180 克，硬度很好，裂果和畸形果少，青果无绿肩，熟果鲜红、有光泽，风味酸甜可口。

2. 金钻 3 号

硬果型番茄。无限生长类型，中早熟品种。耐热。果实扁圆形，外形美观。单果重 150~180 克，硬度很好，裂果和畸形果少，青果无绿肩，熟果鲜红、有光泽，风味酸甜可口。

3. 百利番茄

荷兰进口品种。硬果型番茄。无限生长类型，中早熟品种。耐热。果实扁圆形，外形美观。单果重 150~180 克，硬度好，裂果和畸形果少，青果无绿肩，熟果鲜红、有光泽，风味酸甜可口。

新星 101

皇冠 666

百利番茄

二、对环境条件的要求

（一）温度

番茄是喜温作物，其正常生长发育的温度为 10~30℃，营养生长的温度为 10~25℃，生殖生长的温度是 15~30℃。低于 10℃生长减缓，低于 5℃停止生长，0℃以下会受冻（南方有霜冻），长时间处于 1~5℃的低温环境，虽不至于冻死，但能造成寒害。温度高于 30℃，呼吸作用显著下降，光合作用有障碍，物质生长量减少，影响营养生长；温度高于 35℃时，生殖生长受到影响，落花不坐果，且生理失衡，易诱发生理病害、青枯病和病毒病。番茄生长的土壤温度以20~22℃较好，低于10℃或者高于32℃都会影响正常生长且易发病。

（二）水分

番茄虽然需水量大，但由于根系强大，吸水能力强，而地上部又着生茸毛和根毛，叶片呈深裂花叶，能减少水分蒸发，故番茄对空气湿度要求不高，一般为45%~65%。空气湿度大，容易发生真菌和细菌病害，也影响自花授粉。番茄对土壤湿度要求也不高，一般为65%，如果土壤含水量偏高，易出现徒长苗。番茄幼苗期，保持土壤有效水分在50%~75%为宜，水分过多，苗期易出现猝倒病，初定植易出现立枯病。但进入结果期，果实发育对水分的需求在番茄一生中最多，持续时间也最长，土壤水分相对含水量应达80%，长期保持土壤湿润，需要时要灌溉跑马水。如果水分不足，单果重下降。番茄不耐涝，淹水3天就会死亡，故番茄栽培要选择灌溉条件较好的田地。

（三）光照

番茄是蔬菜中对光照要求较强的作物，除种子发芽期外，其余生育时期都需要较强的光照。南方春茬防雨水较重要，光照一般可以满足生长，夏秋茬要注意短时间的高强度光照。

（四）土壤与养分

番茄对土壤要求不是十分严格，除极端黏重或者排灌不良的地块，均可栽培。但番茄一生中要从土壤吸收大量的矿物质营养，最好选择土层深厚、透气性良好的壤土。番茄对土壤的pH以6~7为宜，即中性或弱酸性。微碱性的土壤，幼苗生长较缓慢，但植株长大后不受影响，果实品质也偏好。南方番茄栽培中，弱碱性土壤有抑制青枯病发生的作用，但由于幼苗期长势弱，易导致病毒病发生。如广州市番禺、南沙，土壤普遍偏碱性，秋冬种番茄青枯病比其他地区发生较轻，病毒病则较严重。

番茄是蔬菜中需肥最多的作物之一，不同品种不同生育阶段和不同栽培条件，番茄吸收营养物质的数量有所差异。

三、实用栽培技术

（一）土地选择

苗床要选择前作为水稻的田块，经暴晒或浸水 1 个月以上。用充分腐熟的猪粪和牛粪作基肥，每亩苗地另外再施复合肥 20 千克。为防止灼伤胚根，不要直接用鸡粪作基肥。播种前苗床要用多菌灵加杀虫剂消毒。

定植的大田以沙壤土和壤土较好，最好前作是水稻且排灌方便的田块，不要选择前作是茄科作物的田块。田土要充分晒白，整地要高畦深坑。犁田前亩施石灰 50~100 千克，犁后晒土 5~7 天，耙碎起畦，畦高 35 厘米以上，宽 1.7~2 米（包沟），南北走向。

（二）适时播种和育苗

1．选择适宜的播种期

类似广州地区气候的地方，春播为1—2月，秋播为7月底至9月，冬播为 9 月下旬至 11 月。海拔 300 米以上的山区，还可以在 3—6 月播种，以作反季节栽培。

2．培育壮苗

（1）种子消毒。一般亩用番茄种子 10~15 克，需有苗地 15 米^2。播种前种子要消毒，方法是：用 10% 的磷酸钠溶液或 1% 的高锰酸钾浸种 20 分钟，再用清水冲洗 30 分钟，手摸种子没有滑溜溜的感觉即可；也可用约 52℃的恒温水浸种 30 分钟，再浸种 2~4 小时。播种时先在苗床淋足底水，再用细沙或碎土与种子混合后均匀地播到苗床上，覆盖 0.5 厘米厚的火烧土。阴天淋水每天 1 次，晴天淋水每天 2 次。春播要用薄膜作拱形覆盖防寒，注意通风，温暖的天气要打开薄膜两头通风透气。秋播最好搭阴棚或用遮阳网遮盖。幼苗长出 2~3 片真叶时要间苗，去弱留强。5~6 片真叶时可定植，定植前 5 天要将薄膜或阴棚揭开炼苗。要注意防治苗期猝倒病和立枯病。最好用营养杯育苗，对防治前期的病害和青枯病都有好处。

（2）营养杯育苗。有条件的最好能用营养杯育苗。种子浸种消毒，春季要催芽后再播种，夏、秋季浸种后即播种子。营养杯的营养土配制：选用水稻田表土土壤或3年以上没种植过茄科作物的无病虫源的土壤70%，优质腐熟干爽的农家肥或猪屎糠20%，火烧土或草木灰谷壳10%。按体积比配制，要求需经太阳晒干、晒白或暴晒消毒后打成细碎混合均匀。营养杯育苗时，预先用杯装好80%的营养土，播种时先淋足底水，将种子播到杯中间，然后盖一层薄薄的营养土。为了保证每杯的种子都长出粗壮的苗，每杯最好播2粒种子，当苗龄至2~3片叶时间苗，去弱留强，每杯保持一棵壮苗。

番茄猝倒病是苗期的主要病害，主要是高温和苗床水分过多引起，特别是拱棚内湿度大、温度高，更容易发生猝倒病。猝倒病在番茄幼苗遭受真菌侵染，导致幼茎基部发生水渍状暗斑，继而绕茎扩展，茎基部逐渐变细，失去支撑倒地。这个病来得较快，有时候人们早晨起来，到苗地揭开棚膜，发现一片一片的苗倒伏地上，这就是猝倒病。防治方法：注意通风透光，淋水保持苗床湿润即可。用50%王铜600倍液预防，用75%敌克松500倍液或50%多菌灵500倍液防治。

（三）定植

当番茄苗有5~6片真叶时可以定植，不要等苗老化了再定植，否则影响前3序花的质量，从而影响产量。定植前1~2天，对苗喷王铜600倍液，浇稀薄腐熟人畜粪尿（起身肥），做到带药带肥定植。田块四周挖深33厘米的排水沟，晴天畦沟可贮水5~10厘米，以便定植时淋定根水。最好在阴天下午定植，淋足定根水。注意不要在暴雨前后定植。定植后一星期内注意防治立枯病和预防青枯病。为了预防前期的病害，特别是定植时土块或工具搞伤苗，定植时可以用50%王铜800倍液作为定根水，一棵苗约250克药液。

番茄定植规格可以根据属性和收获期长短来定，对于自封顶类型的品种，一般容易出现早衰，亩定植株数宜多些，2 000~2 400株/亩。无限生长类型的品种，可根据市场需要采取不同的定植规格，如需要前期产量较高，适当密植，双行植，株行距约为 25 厘米 ×70 厘米，2 300~2 500 株 / 亩，采取单秆整枝，提前摘生长点，可以提高前期产量，获得较好的经济效益，但容易出现早衰。一般情况下，双行植，株行距约为 35 厘米 ×70 厘米，1 800~2 000 株 / 亩，根据疏密程度采取单秆结合双秆整枝。

（四）肥水管理

1. 基肥

番茄根系发达，长势旺盛，属耐肥、半耐旱、不耐涝作物，需要大量的基肥。基肥充足可以延长收获期，提高前期产量，获得丰收。基肥最好以堆沤过的人畜粪有机肥为主，一般亩用猪牛鸡粪等农家肥 1 000 千克左右。如果没有农家肥，可用花生麸 30 千克和 20 千克复合肥作基肥。另外，别忘了用硼砂 1 千克作基肥，可促进开花结果，提高产量。

2. 中耕结合追肥

定植 15 天左右，这时根已长好，为保高产可进行一次中耕追肥。亩用复合肥 20 千克和花生麸 30 千克施在植株之间，再用畦中间的土来盖住肥料，这样既松土生根又追肥，可促进营养生长。

3. 追肥

番茄需要大量的氮磷钾肥。番茄生长前期氮肥不宜过多，促果期应适当增加。番茄对磷的吸收以生长前期最多，第一穗果实达核桃大小时，植株吸磷量约占全生育期的 90%，故苗期不可缺磷，以免影响花芽分化和花芽发育。番茄吸收磷的能力较弱，特别在低温下吸收更差，磷的移动性弱，故多作基肥。钾为番茄需要最多的营养元素。钾对番茄细胞的代谢过程起调节作用，在植株体内起促进氨基酸、蛋白质和碳水化合物的合成和运转作用，对增强幼苗抗寒力、促进茎秆结实，提高果实品质，增加糖分和维生素含量，促进果实着色，延缓植株衰老，延长结果期，提高产量均有良好作用。番茄对钾的需要主要是在果实膨大之后，钾肥除了在基肥中施用，更应该在结果期追肥。因此，根据氮磷钾肥对促进番茄生长发育的特点，在追肥过程中以它们为主，并遵守以下的原则。

（1）番茄追肥要掌握中间重、两头轻的原则。两头指定植至盛花期为一头，开始收获至收获结束（收获期）为另一头；中间指收获期至始收期。在未结果前少施肥，特别是忌偏施氮肥。

（2）追肥要因品种类型而异。自封顶类型的早熟品种，因叶量少，又是秧果一起长，管理不当，会出现矮秧现象，为了高产，应本着促苗生长的原则，要早追肥，甚至偏施一点氮肥，促进早发棵。在第二花序坐果时开始重施追肥。迟熟和非自封顶类型品种，一般长势较旺，属于先长秧后长果的类型，要适当控制追肥，特别是忌偏施氮肥，防止茎、叶生长过旺，形成徒长苗。因此，前期可以适当蹲苗，通过适当制水制肥，控制营养生长，促进生殖生长，提高前期产量。这一类型的品种，在第三花序坐果时才开始重施追肥。追肥数量一般亩施复合肥 15 千克加 3 千克硫酸钾，连续 3~4 次，每次相隔 7~10 天。

（3）收获期追肥原则：少吃多餐。为了充分利用肥效和保持根系的活力，又能满足收获期果实膨大的需要，果实开始收获至结束，每隔 7~10 天追肥 1 次，每次 10 千克复合肥加 1 千克硫酸钾。

4. 微量元素的吸收和根外追肥

微量元素对番茄作用很大，缺乏会阻碍植株生长发育，降低植株的抗病和抗虫能力，减少产量。在番茄栽培过程中，根据微量元素的特点，除了在基肥中注意施用钙、镁、硼肥，还要采取根外施肥的方法，叶面追肥喷施含有微量元素的微肥、磷酸二氢钾、绿芬威等，补充根系吸肥不足，可促进叶色浓绿，提高植株抵抗力，提高果实品质，延长采收期，提高产量。

（五）水分管理

番茄全生育期应保持土壤湿润适中，切忌忽干忽涝，更不要让植株泡水。第一花序坐果前不宜过量供水，自封顶类型或早熟品种，适当充足水分，促进苗早发棵，无限生长类型品种，适当控制水分，预防出现徒长苗。第二花序坐果后，开始进入盛果期，土壤水分相对要充足些，但果实膨大过程中，水分太多，会引起番茄裂果。遇到青枯病，千万不要灌水，以免大面积传染病害。遇到霜冻时，可在第二天起来浇水解霜。南方气候多变，春季雨水多，整地时要做好排水准备措施。

（六）及时插竹、缚蔓、整枝

当株高约 33 厘米时要及时插竹、绑蔓，同时摘除侧芽、整枝，适时去顶。至结果 6~7 序后，及时摘除顶芽。一般将第一序果以下的叶子摘除，适当保留中间和顶部叶，以遮果防日灼。整枝有以下几种方法：单秆整枝：只留主秆，其余侧芽摘除，一般适宜非自封顶类型番茄。壹秆半整枝：除留主秆外，还留第一花序下的第一个侧芽，当侧芽有 1~2 序花时，摘除侧芽生长点，适宜非自封顶类型番茄和自封顶类型番茄。双秆整枝：除留主秆外，还留第一花序下的第一个侧芽，让其生长开花，一般适宜自封顶类型番茄。整枝时可根据种植密度来确定用 3 种不同的方法，也可用其中的一种或两种。整枝最好不要用工具，以免传播病害，且最好安排在晴天进行，切忌雨前或雨后整枝。

（七）适当疏花疏果、保花保果

通过疏果，将不合格的果实摘除，保持植株适当的坐果穗数和个数。早熟和自封顶类型番茄品种一般坐果集中，果实偏小，有必要在盛花期或盛果期进行疏花疏果，单株控制果数约 30 个，以提高商品果水平。非自封顶类型的品种，每序果控制在 4~6 个，将多余的小果、畸形果摘除。

春、冬季遇低温，秋季遇高温，使植株的物质运输困难，花蕾营养缺乏导致从“离层”脱落，而即使花没有脱落也坐不住果。通过喷用番茄坐果素可促进营养物质的运输，有充足的营养供应花的生长和坐果的需要，促进坐果。坐果素使用时要根据温度高、低而配制适当的浓度，一般情况下，温度低坐果素浓度要高些，温度高坐果素浓度低些。喷坐果素溶液时，用喷花的用具装好溶液，对着花柄喷洒即可，不必要全植株喷洒。

四、主要病虫害及防治

（一）青枯病

1. 为害特点

番茄初发病时，在白天太阳较猛时，植株出现萎蔫，早上或傍晚又恢复原状。病株基部病茎表皮粗糙，茎中下部增生不定根或不定芽，湿度大时，病茎上可见初为水渍状后变褐色的1~2厘米病斑，病茎维管束变为褐色，横切病茎，用手挤压或经保湿，切面上维管束溢出白色菌液。严重的病株经7~8天即死亡。

2. 防治方法

目前，青枯病没有任何的特效药，靠植株生长前期进行预防。

（1）选择抗病或耐病品种。

（2）青枯病在土壤中可存活数年，田间浸水数月可浸死病菌。

（3）选择良好的沙壤土，整地高畦深沟，避免大水漫灌，灌溉水不要来自青枯病田，并配合施用磷钾肥，喷施植保素7 500倍液或绿芬威叶面肥。

（4）亩施石灰100千克调节土壤pH，发病植株要连根及根际土壤铲除，病穴撒石灰灭菌。

（5）青枯病是土传病害，主要在前期从根的伤口侵入，到生长盛期或盛果期才迅猛发病，因此，在苗期和生长前期注意用青萎散、72%农用链霉素4 000倍液或30%氧氯化铜800倍液溶液灌根预防。方法是：第1次淋起身药，在定植前1~2天，用上面的其中一种药灌根。第2次，定植时用上面的其中一种药作定根水淋。第3次，定植后5~7天再用上面的其中一种药灌根。经过三次药剂使用，对预防青枯病今后大量发生，效果显著。

（二）病毒病

1. 为害特点

常见的病毒病有3种：一是烟草花叶病毒，叶片上出现黄绿相间或浓淡绿色相间斑驳，叶脉透明，皱缩畸形，植株密集矮缩，果实发育不正常或不结果。二是蕨叶型病毒，发病时由上部叶片开始全部或部分变成线状，中上部叶片向上微卷，花冠增大，形成巨花。三是条斑病毒，该病多发生在叶、茎、果上，发病时叶片上为茶褐色的斑点或云纹，在茎蔓上为黑褐色斑块，果实上有圆形或不规则的凹斑等。

2. 防治方法

（1）选用抗耐病品种。

（2）进行种子消毒。

（3）加强栽培管理，培育壮秧，适龄移植，较早中耕培土，一般在定植后约 15 天培土，促进早发，增强植株抗病能力。

（4）早期防蚜虫，消灭传播媒介。

（5）避免接触感染，人手及用具与病株接触后不要再接触健株。

（6）发病初期喷洒 1.5% 植病灵 1 000 倍液或 20% 病毒 A 500 倍液加绿芬威 1 000 倍液，如果苗期开始使用则有预防病毒病的作用。用 1 500 倍液的阿米西达，分别在营养生长盛期（植后约 20 天）、初花期、初收期喷洒 1 次，可起到预防病毒病的作用。

（三）真菌性病害

真菌性病害主要有早疫病、晚疫病、绵疫病、灰霉病、立枯病、猝倒病、褐斑病、叶霉病、白绢病等，在此仅介绍前 4 种。

1. 为害特点

（1）早疫病。发病时，从叶片上可看到 1~2 厘米的大病斑，病斑边缘深褐色，周围有黄色晕圈，形成同心轮纹。茎部的分枝处，细看有褐色的病斑，并因为果实成长膨大后不能支持而折断。

（2）晚疫病。叶片发病多从叶尖或叶缘开始，产生暗绿色水渍状病斑。严重者，叶背病斑边缘有白色霉层。果实受到为害时，病斑多发生在青果的近果柄处，暗绿色，长出少量白霉。

（3）绵疫病。主要引起幼苗猝倒，果实腐烂。当果实受害时，侵染从下层果往上蔓延，产生暗绿色水渍状小斑块，有同心环纹，最中心处灰白色，还可见白色棉絮状菌丝。

（4）灰霉病。主要为害果实，受害果实病部果皮灰白色水渍状，变软腐烂。严重者，侵染部位出现大量灰色霉层，果实失水僵化。

2. 防治方法

（1）实行轮作，与水稻进行水旱轮作效果最好，不宜与马铃薯、茄子等茄科作物连作或邻作。

（2）种子消毒，用52℃的热水浸种30分钟。苗地在播种前可用多菌灵和百菌清与播种地畦面土拌匀，再用薄膜覆盖好熏蒸3~5天。

（3）加强肥水管理，采用高畦深沟种植，排灌沟要挖好，确保能及时排除积水。增施腐熟有机肥和磷钾肥，提高植株的抗病能力。

（4）及时缚蔓，及时摘除老叶和摘芽整枝，保持良好的通风透气环境。

（5）在未发病时要预防，初发病时要防治。常用的药剂有50%烯酰吗啉1 500倍液、68%金雷多米尔500倍液、64%杀毒矾500倍液、72%普力克800倍液、50%多菌灵500倍液。几种农药轮换使用，一般隔5~7天1次，春季小雨不断时要在雨前喷药预防，雨后抓紧喷药治疗。

（四）生理性病害

1. 脐腐病

表现为果实脐部坏死，呈黑色腐变，这是由于植株缺钙引起的。可用2%过磷酸钙或5%石灰浸出液在初花期开始喷洒叶片（即先用开水将过磷酸钙浸泡一昼夜，然后取上层清液加水稀释），每隔15天1次，连喷2次。也可用0.4%的氯化钙溶液喷洒。另外，注意水分管理，特别是施肥量大的地块，更应多浇水，即俗话说“粪多需勤水”，尤其是果实膨大期以后，不可缺水。

2. 筋腐病

又称条腐病或带腐病，主要为害果实。常见有两种类型：一是褐变型，在果实膨大期果面上出现局部褐变，果面凹凸不平，个别果实呈茶褐色变硬或出现坏死斑，剖开病果可见果皮里的维管束呈茶褐色条斑坏死、果心变硬，失去商品价值。二是白变型，果实着色不均匀，剖开病果见果肉呈“糠心”状，果肉维管束组织呈黑褐色，果肉硬化。

原因是果实发育过程中株间透光性差，光照弱，氮肥过多，偏施氮肥致钾肥不足等。在广东省，由于光照充足，筋腐病主要是偏施氮肥致钾肥不足引起的。防治方法：选用抗病品种，如皇冠666；注意轮作；注意氮、磷、钾肥的协调施肥，特别是不要缺钾，盛果期施肥，每次都要注意施钾肥，以硫酸钾肥为好。

3. 空洞果

指果皮和果肉胶状物之间具空洞的果实。预防空洞果实，第一要加强果实膨大期的肥水管理，直到最后一层果转色前，不可缺肥和缺水；注意不要偏施氮肥，适当追施钾肥。用坐果素处理时，使用适当的浓度。

4. 裂果

有环状裂、放射状裂和条纹裂3种。裂果有品种原因也有栽培因素。品种原因主要指皮薄的品种易裂；栽培原因主要是：土壤水分急剧变化，久旱之后遇暴雨或浇大水，或高温高湿环境、连续降雨等，使植株大量吸收水分，果实内部膨大过快，而表皮增长速度跟不上。预防方法：选择优良抗裂品种；保持水分湿润、均匀；增施硼肥，促进果皮可塑性；及时采收，果实转色期收获。

5. 日灼（烧）果

果实见光部位出现黄白色、革质化病变，属强日光烧伤，烧伤部分出现皱纹、干缩变硬、凹陷、果肉褐变，遇雨受潮后感染霉菌，长出黑霉或腐烂。原因是果实直接暴露在强光下，果面温度过高，细胞被烤死。预防方法：光照强的季节，果实顶部要多留叶片，避免强光直晒。绑蔓时，将果实转到叶片间光弱处。增施钾肥，提高抵抗力。

6. 杀虫和杀菌药害或生长素药害

喷杀虫和杀菌药时，浓度较高或者对叶片敏感的含锰锌类药会出现药害。开花时使用生长素不当，也会发生药害。表现为叶片皱缩、扭曲、加厚变细小、畸形等，并且发生的范围较大。症状与病毒病和茶黄满为害相似，但区别表现在：药害是大部分，病毒病和茶黄满为害是小部分或局部。万一不慎造成药害，应加强肥水管理，促进营养

生长，再长出新叶。

（五）蚜虫和白粉虱

1. 为害特点

每当气候干燥，蚜虫、粉虱类虫特别多，既吸食植物的液汁，又传播病害，特别是传播病毒病的罪魁祸首。

2. 防治方法

可选用敌蚜虱 1 500~2 000 倍液、七星宝 1 500~2 000 倍液、蓟蚜敌 1 000~1 200 倍液、克蚜星 700~1 000 倍液、阿克泰 3~5 克（每亩）或 25% 的蚜虱绝 1 000 倍液喷杀。喷药要均匀，叶面、叶背都要喷齐。在苗期，当有 3 片叶时，用阿克泰 2 000 倍液淋苗；定植前 3 天，再用阿克泰 2 000 倍液淋苗 1 次，使苗充分吸收药后再定植。通过 2 次淋药，可以防治蚜虫、蓟马。

（六）茶黄螨、红蜘蛛

1. 为害特点

茶黄螨集中在植株幼嫩部吸收汁液，受害部呈灰褐色或黄褐色，叶缘下卷扭曲，叶背具油光泽或油浸状，嫩茎僵硬畸形，很容易误认为是病毒病。红蜘蛛主要群聚在植株叶片背面吸取叶液，使叶片受害。

2. 防治方法

喷洒克螨灵 1 000~1 500 倍液、克螨特 2 000~3 000 倍液、螨危 1 500~2 000 倍液，每隔 5~7 天 1 次，连喷 2~3 次。

（七）夜蛾类、小菜蛾

1. 为害特点

（1）甜菜夜蛾：成虫体灰黑色，初孵幼虫体白色而头部黑色，高龄幼虫体色可有绿色、暗绿色、黄褐色、褐色至黑褐色等。广东严重为害期在 5—10 月。这是一种容易产生抗药性的害虫，防治比较困难，防治期主要在低龄幼虫。大神工、青虫灭等药物效果好。

（2）斜纹夜蛾：为 4—11 月发生的主要害虫。幼虫体灰褐色，各体节背有月形黑斑 1 对。卵期和低龄期是杀除的关键，抓紧在幼虫 4 龄前喷药防治。大神工、青虫灭、米乐尔等防治较好。

（3）小菜蛾。这是一种容易产生抗药性的害虫，防治比较困难，防治期主要在低龄幼虫。

2. 防治方法

（1）收获菜后，铲除杂草，翻土晒地。

（2）药剂防治可选用高效 Bt 可湿性粉剂 500~700 倍液、超力 800~1 000 倍液、菜宝 1 000~1 500 倍液、七星宝 800~1200 倍液、杀必得 1 500~2 000 倍液、阿维必虫清 800 倍液、2.5% 功夫 2 000 倍液或吊丝虫杀 300~400 倍液。

（八）美洲斑潜叶蝇

1. 为害特点

为害大部分的豆类、瓜类、茄类和叶菜类蔬菜，特征是在叶子上取食后呈现“鬼画符”状。3—5 月和 9—11 月是发生为害的高峰期。

2. 防治方法

药剂可选用 40% 速克朗 2 000~3 000 倍液、40% 斑潜王 2 000~3 000 倍液、特潜多 600~800 倍液、七星宝 800~1200 倍液、超力 800~1 000、克蛾宝 2 500 倍液或 1.8% 虫螨光 3 000 倍液等。

五、果实的采收及包装

番茄果实有市销、出口和异地销售几种形式。根据不同的市场，番茄果实的采收方法主要有两种。其一，果实一点红时采收，适宜异地销售或出口形式。当果实出现局部红熟，大部分还是青果，可以采收果实，让果实在运输过程中自然红熟。至销售目的地就可以开始销售，可以延长果实的货架期。其二，果实完全熟后采收，适宜市销，有时出口的果实也要求这样采收。

分级和包装：根据各地市场对果实大小和外观的要求，进行果实分级。果实大小分为：单果重 80 克以下为小果；80~150 克为中果；150~220 克为中大果；220 克以上为大果。南方地区以中大果最受欢迎。外观主要是指商品外观，包括颜色、果实着色均匀情况和光泽度、果形等。

现在，番茄的分级一般是根据市场要求，对外观合格的果实，以不同单果重的果实进行分级包装。包装采用的材料可以用塑料薄膜和纸。目前种植的优质硬果型番茄，其包装好的番茄果实，耐贮运性好，运输时烂果和裂果少，市场货架期一般有 25 天，可使市民能吃到新鲜而美味的、多汁的番茄。

六、番茄抗青枯病嫁接

番茄青枯病的防治没有特效药，主要靠栽培抗青枯病品种来预防，但是，抗青枯病品种往往商品品质不好，难以符合市场的要求。由此，以抗青枯病番茄为砧木，高品质、高感青枯病的优质番茄为接穗，育成嫁接苗栽培则可以很好地解决抗病性和品质之间的矛盾。

（一）嫁接方法

采用套接法：用作砧木的番茄品种，具有 5~6 片真叶时，从下部 2 片真叶上方 2 厘米处向上 45° 斜削，套上 1.5~1.8 厘米的橡胶管；选择接穗茎粗接近砧木的接穗苗，在第 1 片真叶以下 1.5 厘米处向下 45° 斜削，再插入胶管使砧木和接穗尽量镶合。

（二）嫁接后的管理

嫁接苗成活率高低，除了嫁接操作质量外，更重要的是接后的管理。刚嫁接的 3~5 天，切口怕风、阳光，湿度要适当。华南地区春季嫁接在 3 月进行，此时温度等环境条件相对适合，嫁接后的管理相对容易，可以采用小拱棚覆盖保湿，上面再盖一层遮阳网避免阳光直射。秋季在 8 月进行，此时温度较高，气温介于 27~35℃，苗地地表温度介于 30~50℃，光照较强，嫁接后要覆盖遮阳网和草帘，中午往草帘上面淋水，这样可以避免小拱棚内温度过高（可使晴天 14：00~15：00 的棚内温度比周围环境温度低 5~10℃），也可以增加湿度。夜间可以掀起草帘通风。接后 5~7 天，视天气和接口愈合程度，可取消嫁接荚，降低遮光率，逐步过渡到完全撤去薄膜或遮阳网，10 天后完全进行正常育苗管理，及时摘除砧木腋芽，拔除未接活及感病苗。采用上述方法嫁接管理，春季的成活率可达 95% 以上，秋季也可达 90% 以上。

（三）嫁接苗的定植

嫁接苗定植时，要选择接口愈合好，生长正常的壮苗。栽种时接口应距离地面 10 厘米以上，培土时也要防止掩埋接口，避免接穗重新发根入土，降低防病效果。嫁接番茄主要预防青枯病等土传病害，对其他真菌病害和细菌病害，如晚疫病、灰霉病、病毒病等，仍然应当按常规栽培管理，及时防治。

第二节 辣 椒

一、优良品种介绍

根据辣椒果实形状和颜色，可分为青皮辣椒、黄皮辣椒、线辣椒、红辣椒、甜椒和指天椒。

（一）青皮辣椒类型

1. 汇丰2号

广东省农业科学院蔬菜研究所育成的一代杂种。极早熟，开花早，坐果早，坐果集中，前期产量高。果实青绿色，果长20~22厘米，果径3.5厘米，果肉厚0.35厘米，单果重50克，有光泽，辣味浓，耐运输，外观品质好，抗性强。适宜华南地区秋、冬、春季露地栽培。

2. 辣优15号

广州市农业科学研究院蔬菜研究所育成的一代杂种。早中熟，生长势强，果实长羊角形，长21厘米，宽3.6厘米，肉厚0.4厘米，果皮绿色，果面光滑，单果重56~85克，味甜辣而香，肉质爽甜，外表皮蜡质层薄，口感好。果结实，耐贮运，连续结果性好，亩产3 000~4 000千克。高抗疫病、青枯病和病毒病，抗逆性强，适宜全国各地露地种植。

3. 永优816

深圳市永利种业有限公司选育的中熟、微辣大果粗牛角椒品种。生长势强。枝条硬，株型方正，叶色浓绿，株高60厘米，开展度50厘米，果实为长粗牛角形，果色绿，果长19厘米，果宽6.5厘米左右，果肉厚0.4厘米，单果重170克。微辣，果尖钝圆，平肩，果面光滑。

汇丰 2 号

辣优 15 号

永优 816

（二）黄皮辣椒类型

1. 汇丰 5 号

广东省农业科学院蔬菜研究所育成的一代杂种。中早熟，株型紧凑，整齐，果实粗长羊角形，果长 26 厘米，横径 3.5 厘米，单果重 65 克，果肉厚，果皮光滑，有光泽，商品性佳，抗性强，耐运输。适宜华南地区秋、冬季露地栽培。

汇丰 5 号

2. 国福 208

国家蔬菜工程技术研究中心育成的中早熟辣椒一代杂种。植株生健壮，果实长宽羊角形，果形顺直美观，肉厚质脆腔小；果实纵径为 23~25 厘米，果实横径为 3.5 厘米左右，单果重 80 克左右。辣味适中，果色淡黄绿，红果鲜艳，红熟后不易变软，耐贮运，持续坐果能力强，商品率高。高抗病毒病和青枯病，耐热、耐湿，越夏栽培结实率强，绿、红椒均可上市，适宜拱棚及露地种植。

国福 208

（三）线辣椒类型

1. 国福 428

国家蔬菜工程技术研究中心育成的早熟线辣椒一代杂种。果实长线型，顺直美观，果面光滑、有光泽，果长 26 厘米左右，果肩宽 1.9 厘米左右，单果重 24~30 克。青熟果深绿色，成熟果红色，辣味香浓。该品种耐热、耐湿性强，高抗病毒病，抗青枯病和疫病。适宜南方露地种植。

2. 湘辣十七号

隆平高科湖南湘研种业有限公司育成品种。为丰产型青红两用长线椒品种。生长势较强，株型方正，分枝多，叶片小，叶色浓绿。果实细长、顺直，果长 22~24 厘米，较湘辣七号长 1~2 厘米，果宽约 1.8 厘米。青果深绿色，老熟果红色，果实红熟后硬，耐储运，前后期果实一致性好，单果重 24 克左右，味辣，有香味。耐湿热、干旱，坐果性好，综合抗性强，适宜鲜椒上市或酱制加工。

3. 辣丰娇丽

深圳市永利种业有限公司育成的中熟、高产、深绿色线椒组合品种。生长势强，分枝多，连续坐果能力强，株高 70 厘米，开展度 65 厘米左右，果实长羊角形，果长25厘米，果宽1.8厘米，单果重30克，果实光亮顺直，果形整齐而美观，青熟果深绿色，红果鲜艳。辣味较强。

4. 辣丰旋线

深圳市永利种业有限公司育成的长果早熟螺丝线椒品种。茎秆粗壮，枝叶茂盛，叶片肥厚深绿色，坐果率高，能在较低温度下正常生长。株高 75 厘米左右，开展度 70 厘米左右。果实羊角形，果肩下有

国福 428

湘辣十七号

辣丰娇丽

辣丰旋线

皱折，果长28厘米左右，果宽2厘米左右，单果重60克左右，辣味强，膨果快，果实肉厚皮薄质嫩，果面有褶皱，但椒条顺直，有韧性，不易断裂，易于捆扎和装箱。青椒果实嫩绿色，老熟椒鲜红色。

（四）红辣椒类型

1. 红丰404

蔡兴利国际有限公司育成品种。迟熟，长11~15厘米，宽约2厘米，单果重20~25克。抗病毒病及青枯病比一般品种强。耐储藏及运输，鲜食及加工均可。易种植，产量高。

2. 粤红3号

广东省农业科学院蔬菜研究所育成的一代杂种。中熟，生长势强，单果重30克，果长15厘米，果宽1.7厘米，果肉厚0.28厘米，辣味浓。青果绿色，红果鲜艳有光泽，果表平直，美观，质优。空腔小，硬度好，耐贮运。耐高温，抗青枯病、疫病、病毒病能力强，亩产可达4 000~5 000千克。

粤红3号

（五）甜椒类型

1. 中椒105号

中国农业科学院蔬菜花卉研究所育成的中早熟甜椒一代杂种，2010年通过全国农作物新品种鉴定。中早熟，定植到始收35天左右。果实灯笼形，味甜，3~4心室，果面光滑，果色浅绿，单果重100~120克，品质优良。抗逆性强，抗病毒病，不易得日灼病。耐贮运。亩产

中椒105号

可达 4 000~5 000 千克。在广东、海南等地区试种表现优良，中后期果实商品率尤其突出。

2. 国禧 109

国家蔬菜工程技术研究中心育成的中早熟甜椒一代杂种。始花节位 9~10 节，植株生长健壮，坐果优秀，产量高。商品果淡绿色，果实为方灯笼型，果实纵径约 12 厘米，果肩宽约 9.3 厘米，单果重 170~260 克，果肉厚 0.6 厘米。果形好，四心室率高，商品率高，耐贮运，品质佳，高附加值甜椒品种。亩产 4 000 千克以上。低温耐受性强，持续坐果能力强，抗病能力强。

3. 中椒 0808 号

中国农业科学院蔬菜花卉研究所育成的甜椒一代杂种。生长势强，连续坐果性好，中晚熟，定植到青椒始收 45 天左右。果实方灯笼形，绿变黄，单果重 180~240 克，肉厚 0.7~1 厘米，商品性好，抗病毒病，耐疫病。亩产可达 5 000 千克以上。适于南菜北运、北方露地栽培，也可用做北方日光温室长季节栽培。

国禧 109

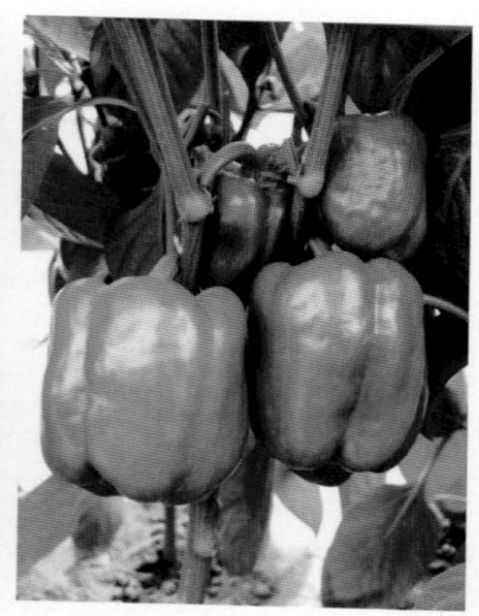
中椒 0808 号

（六）指天椒类型

1. 飞艳

隆平高科湖南湘研种业有限公司育成品种。中熟单生朝天椒品种。

植株高大直立，枝条硬，株高92厘米，叶色浓绿。果实小羊角形，果长9.2厘米，果宽1.1厘米，青熟果绿色，红熟果橘红再转大红。果实单生，果尖细长，前后期果实一致，易于采摘，单果重4~5克，辣味浓，单株挂果多，丰产潜力大，耐湿热，抗性强，适合作青红鲜椒上市。

飞艳

2. 辣丰娇美

深圳市永利种业有限公司育成品种。早熟，果实单生朝天。三亚试验基地田间观测：果长7厘米左右，果宽0.8厘米左右，单果重5克左右。该品种植株长势旺盛，坐果多，产量高，果形美观，红果靓丽，辣味较强。

辣丰娇美

二、对环境条件的要求

（一）温度

辣椒种子发芽的适宜温度25~30℃，温度超过35℃或低于10℃都不能较好地发芽。25℃时发芽需4~5天，15℃时需10~15天，12℃时需20天以上，10℃以下则难于发芽或停止发芽。

辣椒生长发育的适宜温度为20~30℃，温度低于15℃时生长发育完全停止，持续低于12℃时可能受害。

（二）光照

辣椒是好光植物，除种子在黑暗中容易发芽外，其他生育阶段都要求充足的光照，比较而言它较番茄、茄子和瓜类蔬菜耐弱光，过强的光照反而不利于生长。

（三）水分

辣椒是茄果类蔬菜中最耐旱的一种作物，即使在无灌溉条件下也能开花、结果。虽然产量较低，但仍可有一定收成。空气湿度对辣椒的生长发育影响很大，一般空气湿度为60%~80%时生长良好，坐果率高，湿度过高有碍授粉，引起落花，诱发病害。辣椒在各个生育时期都要求足够的土壤水分，但土壤水分过多时，宜发生沤根病害。

（四）土壤

辣椒对土壤的要求并不严格，各类土壤都可栽植。但一般而言，种植辣椒以土层深厚、疏松肥沃、有机质含量高、透气性好的沙壤土为佳。辣椒对土壤的酸碱性反应敏感，在中性或弱酸性的土壤上生长良好。

（五）营养

辣椒对氮、磷、钾肥料均有较高的要求，此外还需要吸收钙、镁、铁、硼、钼、锰等多种元素。足够的氮肥是辣椒生长结果所必需的。施用磷肥能促进辣椒根系发育并提早结果。钾肥能促进辣椒茎秆健壮和果实的膨大。

三、实用栽培技术

（一）选用优良适宜品种

春季栽培由于雨水多，空气湿度大，特别是辣椒生长处于开花结果阶段时，正是高温高湿时期，易感染病害，所以应选择生长势强、抗病性好的品种，如汇丰 2 号、辣优 15 号等；夏季高山反季节栽培要选择耐高温、抗病性强的品种，如红丰 404、粤红 1 号等；秋冬季大部分地区主要种植适宜南菜北运的品种，如汇丰 5 号、奥运大椒等。甜椒类型的辣椒由于其经济价值较高，粤西及珠江三角洲的部分地区喜欢种植，但其相对其他类型的辣椒而言抗性较差，比较难种植。甜椒的主要品种为中椒 105、京田 3 号和中椒 5 号。

（二）适时播种

春种辣椒以 11 月至翌年 1 月播种最适宜生长。为了获得好价钱，通常提前在 10—12 月播种，苗期覆盖薄膜过冬（注意：太阳大的时候要适时揭膜），2 月定植，可提早在 3 月下旬至 4 月上市，此时辣椒价钱相对较高；夏季高山反季节栽培可在 2—4 月播种；秋冬季栽培可在 7—11 月播种。

（三）培育壮苗

辣椒种子不休眠，种子发芽喜欢黑暗，在光线太强的条件下不易发芽。为了促进快发芽，可先进行催芽后播种。方法是将种子用纱布包起来，种子重量以不超过 25 克为宜，放在 55℃左右的温水（温度保持不变）中杀菌 20 分钟后冷却为 30℃左右浸 3~4 小时，取出后保持湿润。如果有条件，也可用 10% 的磷酸钠溶液浸种 20 分钟，流水冲洗 2 小时来消毒。若温度高，5 天后便可出芽；温度低，则需 7~10 天出芽。当有 30% 种子露芽时即可播种，将种子与筛过的草木灰或细泥土混匀，播于育苗地，注意疏播。播后盖上细碎的表土，淋足水。一般种子饱满的，每 50 克种子有种子 6 500 粒左右，种植一亩辣椒所需种子约 50 克。最好要有足够的种子，以便挑选较壮的苗，淘汰弱苗。注意防病除虫，苗期可适量追肥 1~2 次。有条件的话，也可用营养杯育苗，这样在定植时可缩短缓苗期，提早 5~7 天采收。

（四）定植

如果是春季种植，定植前 5~7 天要揭开薄膜炼苗一段时间。种植辣椒的地方，前作不能为茄科作物或花生、桑树、烟叶等，最好为水稻地。大田必须将土壤充分犁翻晒白，再用石灰（每亩用 50~70 千克）消毒。种植规格，一般为 1.2 米（包沟），二行植，株距 0.21 米。定植前，苗地用 2.5% 氟氰菊酯 2 000~3 000 倍液加 75% 百菌清 500 倍液喷 1 次，避免带蚜虫定植。定植应选阴天或晴天下午进行，幼苗尽可能带土，以免伤根，提高成活率。定植后立即淋足定根水，定植 5~7 天后可淋 1 次波尔多液或氧氯化铜溶液，对防治病害可起到很好的作用。有条件的，在冬春季，覆盖地膜，可起到保温保肥、防病防草、防雨水冲刷土壤的作用；在夏、秋季，可在植株周围铺盖稻草，对降温保湿、防雨水冲刷土壤起很大作用。试验证明，铺盖稻草的，产量及质量比不铺盖的明显提高。

（五）大田管理

1. 施肥

辣椒生长期较长，若肥料充足，管理好，则可延迟收获时间，提高产量。除施足基肥外，要配合植株的生长发育进行合理追肥。肥料用法应根据各地具体情况来定。一般应在基肥中加入腐熟堆肥 2 000~2 500 千克、复合肥 50 千克，混合后施入定植沟内，然后与土掺匀。植株定植成活（5~7 天）后可进行追肥，前期可用尿素 100 克加水 25 千克淋施，每亩用尿素 2~2.5 千克，或用腐熟人粪尿淋施 1~2 次，然后改用沤过的花生麸淋施，并配合施用复合肥，可在植株间或行间开浅沟施入，施后进行培土，并要用清水淋施 1 次，避免叶片受肥害。

2. 水分

辣椒根群不大，既不耐涝，也不耐干旱。若土壤过于干旱，则生长发育受抑制，落花落果多，果细，产量低；若过湿，土壤缺乏氧气，根部呼吸受阻，易腐烂，叶片枯黄脱落，也易引起各种病害。故一般采用淋灌方法，不宜采用满田灌水。

辣椒主根入土不深，根群大多数分布于表层，且根系再生能力只在苗期较强，故定植以后忌伤根，应尽量减少中耕次数。若土壤板结，可适度中耕，注意不要靠近根部。杂草多，可用手拔除。同时，可结合施有机肥和多次培土，以改良土壤，增加根系吸收面积。

3. 摘除侧芽

辣椒有时在第一分叉以下会产生许多侧芽，这些侧芽应除去，否则会消耗养分，并抑制植株顶部分枝生长。侧芽应在较小（第 1~2 层花开放）时除去，不能伤及植株。

辣椒的落花、落果、落叶大多数属于生理现象，病虫害或不良环境条件也会引起。土壤湿度高，炭疽病或细菌性叶斑病发生严重时会引起大量落叶，苗小发生严重时只留下一条主枝。花期低温（15℃以下）或高温（35℃以上）、土壤温度太高，辣椒不能正常授粉受精也会造成落花落果。

（六）采收

辣椒可连续结果多次采收，青果、老果均能食用，故采收时期不严格，一般在花凋谢 20~25 天后采收青果。为了提高产量，防止坠秧，影响上层果实的发育和产量的形成，第一、二层果宜早采收，这样有利于上层多结果及果实膨大。其他各层果宜充分转色后才采收，即果皮由皱转平、色泽由浅转深并光滑发亮时采收。采收盛期一般 3~5 天采收 1 次。以红果作为鲜菜食用的，宜在果实八九成红熟后采收。

采收宜在晴天早上进行。中午水分蒸发多，果柄不易脱落，采收时易伤及植株，并且果面因失水过多而容易皱缩。下雨天也不宜采收，采摘后伤口不易愈合，病菌易从伤口侵入引起发病。

四、主要病虫害及防治

（一）猝倒病

1. 为害特点

多发生在育苗床，常见的症状有烂种、死苗和猝倒 3 种。幼苗遭受病菌侵染，致幼茎基部发生水渍状暗斑，继而绕茎扩展，逐渐缢缩呈细线状，幼苗地上部因失去支撑能力而倒伏地面。苗床湿度大时，在病苗或其附近床面上常密生白色棉絮状菌丝。

2. 防治方法

发病后可选用 58% 甲霜灵锰锌 500 倍液、75% 百菌清 600 倍液或 72.2% 普力克 600 倍液灌根或喷淋。

（二）立枯病

1．为害特点

刚出土幼苗及大苗均可发病。病苗茎基变褐色，后病部收缩细缢，茎叶萎垂枯死；稍大幼苗白天萎蔫，夜间恢复。当病斑绕茎一周时，幼苗逐渐枯死，但不呈猝倒状。

2．防治方法

同猝倒病。

（三）病毒病

1．为害特点

受害病株一般表现为花叶、黄化、坏死和畸形等 4 种症状。花叶型的叶脉轻微退绿，或呈浓绿、淡绿相间的花叶，病株无明显畸形，植株矮化，不造成落叶。黄化型病叶变黄并出现落叶。坏死型的病株部分组织变褐坏死，表现为条斑、顶枯、坏死斑驳或坏斑等。畸形的病株变形，叶片变成线状，即蕨叶状，或植株矮小，分支极多，呈丛枝状。有时几种症状在同一植株上出现，或引起落叶、落花、落果，严重影响辣椒的产量和品质。

辣椒病毒病症状

2．防治方法

（1）一般辣椒比甜椒抗病，早熟品种比晚熟品种抗病，可根据当地的实际情况选择适合当地栽培的抗病、高产、优质品种。

（2）要求秧苗株型壮矮，或利用保护地设施，促其早栽、早结果。

（3）实行轮作和间套作。

（4）种子用 10% 磷酸钠溶液浸种 20~30 分钟后洗净催芽，在分苗定植前和花期分别喷 0.1%~0.2% 的硫酸锌溶液。

（4）施足基肥，多施磷、钾肥，叶面喷施 0.1%~0.2% 的硫酸锌溶液可增强植株抗病性；勤浇水，尤其采收期注意保水保肥。

（5）苗床选择周围种植高秆植物地块，可预防蚜虫迁飞传病。可用银灰色薄膜或银灰色加黑色的双色薄膜平铺畦面四周以避蚜，防效70%以上。利用黄色对蚜虫吸引力强的特点，每亩地插6~8块黄色诱蚜板。治蚜可采用20%辛氰乳油3 000倍液、50%抗蚜威4 000倍液、2.5%敌杀死5 000倍液或50%马拉硫磷1 000~2 000倍液等喷洒。

（6）发病后喷1.5%植病灵1 000倍液、20%病毒A 500倍液或病毒K 300~400倍液，每隔7~10天1次，连喷2~3次。

（四）沤根

1. 为害特点

主要是地温低于12℃且持续时间较长，再加上浇水过量或遇连续阴雨天气，苗床温度和地温过低或连续大暴雨使土壤板结，导致辣椒苗出现萎蔫，萎蔫持续时间一长，就会发生沤根。沤根后地上部子叶或真叶呈黄绿色或乳黄色，叶缘开始枯焦，严重的整叶皱缩枯焦，生长极为缓慢。

2. 防治方法

畦面要平，苗期严防大水漫灌。发生轻微沤根后，要及时松土，提高地温，待新根长出后，再转入正常管理。

（五）疫病

1. 为害特点

辣椒疫病在整个生育期都可发生，茎、叶和果实各部位都可染病，且易造成毁灭性。苗期受害，茎基部呈水渍状软腐，其上部呈暗绿色而倒伏。成株期为害主茎、枝条、果实、叶片及花瓣。茎基部及枝条受害，初为水渍状斑点，后扩大且变黑褐色，并常易从病部处折断，受害植株病情发展迅速，20天左右便整株枯死。病果受害，呈不规则暗绿色水渍状病斑，软腐，常见白色霉状物，略皱缩，后渐变灰白色，最后成褐色或黑色僵果。根部受害变褐色，腐烂，植株萎蔫，但维管束不变色。根腐、枝枯及烂果所造成的损失都很严重。

辣椒疫病症状

2. 防治方法

（1）选用抗性好的品种，如汇丰2号、辣优15号、红丰404、粤红3号等。

（2）实行水旱轮作，避免与茄科、葫芦科作物连作。

（3）用25%甲霜灵1 000倍液浸种2小时后，用无病新土育苗，以防种子带菌。

（4）高畦种植，避免积水，注意控制浇水量和次数。

（5）定植后用氧氯化铜800~1 000倍液淋植株根部或喷洒植株，比较有效。

（6）发病后可用68.75%银法利+70%安泰生、75%瑞毒霉600倍液、77%可杀得800倍液、36%露克星600倍液或72%普力克500倍液喷雾，交替使用，每隔5~7天1次，连续2~3次，防治效果好。

（六）青枯病

1. 为害特点

青枯病多发生于盛花期、始果期，苗期也能感染此病，但通常并不表现病状。发病初期，病株往往仅1~2个侧枝叶片萎蔫。病情发展下去，植株从顶部叶片开始萎蔫，最初早晚还可以恢复，条件合适时2~3天即可表现为全株萎蔫，最后植株枯死，叶片不脱落，仍保持青绿色。叶片从下向上变黄褪绿，后期叶片呈褐色焦枯。空气湿度大时，

辣椒青枯病症状

植株茎上常产生不定根。病茎剖面维管束变成褐色，横切新鲜病茎并用手挤压或保湿培养，可以见到维管束中有乳白色黏液溢出。

2. 防治方法

（1）实行水旱轮作，深沟高畦，雨后及时排水，防止田间积水。

（2）增施磷、钾肥，促进维管束生长，增强抗病力。

（3）定植后用氧氯化铜 800~1 000 倍液淋植株根部和喷洒植株。

（4）选用 72% 农用链霉素 4 000 倍液、77% 可杀得 500 倍液或氧氯化铜 400~500 倍液灌根，每株灌药液 0.4~0.5 千克，每隔 7~10 天 1 次，连喷 2~3 次，防治效果好。

（七）细菌性叶斑病

1. 为害特点

该病在田间连片发生，主要为害叶片。成株叶片发病，初呈黄绿色不规则水渍状小斑点，扩大后变为红褐色或深褐色至铁锈色。干燥时，病斑多呈红褐色。该病一经侵染，扩展速度很快，可个别叶片或多数叶片发病，植株仍可生长，严重的叶片大部分脱落。

辣椒细菌性叶斑病症状

2. 防治方法

可选用 72% 农用链霉素 4 000 倍液或 77% 可杀得 500 倍液喷雾，交替使用，每隔 3~5 天 1 次，连续 2~3 次。

（八）根腐病

1. 为害特点

根腐病多发生于定植后，起初病株白天枝叶萎蔫，傍晚至次晨恢复，反复多日后整株枯死。病株的根茎部及根部皮层呈淡褐色至深褐色腐烂，极易剥离，露出暗色的木质部。病部一般仅局限于根及根茎部。

2. 防治方法

发病初期用敌克松800倍液、根腐灵1 000倍液、绿亨1号3 000倍液或移栽灵1 500倍液灌根，其他措施同疫病防治。

辣椒根腐病症状

（九）烟青虫

1. 为害特点

幼虫蛀食花蕾、花、果实，造成落花、落果及果实腐烂。幼虫的体色夏季一般为绿色或青色，秋季淡褐色、赤褐色，背上散生白色小点。烟青虫的卵多产于中上部叶片的正反面叶脉处、花蕾萼片、幼嫩叶片上。

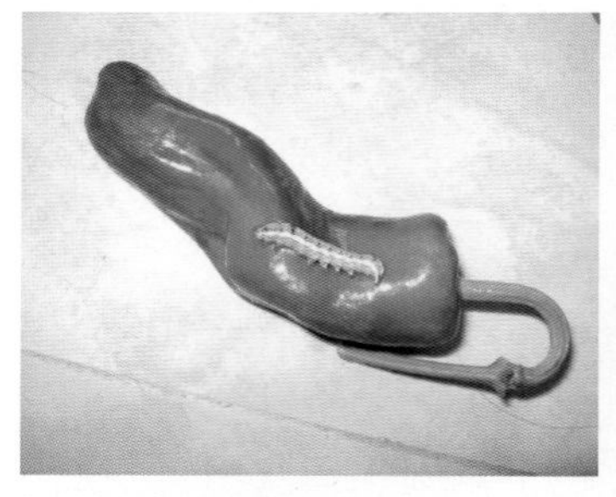

烟青虫为害辣椒果实

2. 防治方法

选用50%辛硫磷1 000~1 500倍液、80%敌敌畏800~1 000倍液、2.5%氟氰菊酯2 000~3 000倍液或75%西维因1 500倍夜喷雾。

（十）蚜虫

1. 为害特点

在植株上吸食汁液，使叶片卷曲变黄，影响生长，最主要的为害是传播病毒病。

2. 防治方法

及时用避蚜雾1 500倍液、2.5%氟氰菊酯2 000~3 000倍液或蓟蚜敌1 000~1 200倍液喷雾。

（十一）螨类

1. 为害特点

受害叶背呈灰褐色或黄褐色，具油脂状光泽或油渍状，叶缘向下

螨类为害辣椒叶片

卷曲；严重时辣椒落叶、落花、落果。

2. 防治方法

选用螨克或克螨特 1 200 倍液、菜宝 1 000 倍液或超力 800~1 000 倍液喷雾。

第三节　茄　　子

一、优良品种介绍

华南地区以棒状茄子为主，果皮色以紫红色为主，辅以青茄和白茄，口感以白茄和青茄更佳。近年来，在华南地区应用较多的紫红长茄品种有农夫长茄、农丰长茄、长丰三号、紫荣 8 号、新丰紫红茄等，而白龙（白玉）白茄作为搭配品种也有一定的种植面积。

（一）农夫长茄

一代杂种，2009 年通过广东省农作物品种审定委员会审定。中熟，生长势强。果实长棒形，长 30~33 厘米，横径 5.3~6.0 厘米，单果重 250~400 克，尾端近圆，头尾均匀，瓜条较直；果皮紫红色、光泽度好；果肉白色，商品品质优。适应性广，综合抗病能力较强，适合华南地区春季和秋季种植。

农夫长茄

（二）农丰长茄

一代杂种，2012 年通过广东省农作物品种审定委员会审定。中晚熟，果实长棒形，头尾匀称，尾部圆，果身微弯；果皮紫红色，果面平滑、着色均匀、有光泽，果上萼片呈紫绿色；果肉白色、紧密。果长 30.3~31.9 厘米，果粗 5.06~5.12 厘米，单果重 283.8~301.7 克，品质优良；中抗青枯病。适合广东省春、秋季露地种植。

（三）长丰三号

一代杂种，2012 年开始在生产商推广。中晚熟品种，生长旺盛，果实长棒形，果长 32~34 厘米，粗约 5.0 厘米，单果重 260~300 克。果色深紫红，果面光滑亮丽，果肉白色，品质优良。中抗青枯病，适合广东省春、秋季露地种植。

（四）紫荣 8 号

一代杂种，2014 年通过广东省农作物品种审定委员会审定。中晚熟，果实长棒形，头尾匀称，果身微弯，尾部圆；果皮紫红色，果面平滑、着色均匀、有光泽，果上萼片呈紫绿色；果肉白色、紧密。果长 29.6~30.3 厘米，果粗 5.04~5.08 厘米，单果重 286.1~284.9 克，品质优良；耐青枯病。适合广东省春、秋季露地种植。

（五）新丰紫红长茄

从原丰宝紫红茄改良育成的一代杂种，2007 年通过广东省农作物品种审定委员会审定。中熟，生长势中等，果长 27~29 厘米，横径 5.3~5.8 厘米，单果重 250~350 克；尾端圆，头尾匀称，果皮深紫红色，光泽度好，果肉白色、致密，品质优；较硬实，耐贮运。中抗青枯病，较抗绵疫病，适合华南地区春、秋季栽培。

新丰紫红长茄

（六）白玉白茄

一代杂种，2007 年通过广东省农作物品种审定委员会审定。早中熟品种，生势强，株高 93.2 厘米，开展度 105 厘米；茎叶青色，花浅紫色；果实长棒形，单果重 220~300 克，果长 27.0 厘米，横径 4.6 厘米；果皮白色，果肉嫩滑，品质优。中抗青枯病，适合华南地区春、秋季栽培。

白玉白茄

二、对环境条件的要求

（一）温度

茄子喜欢较高的温度、充足的光照，害怕寒冷，不耐霜冻。发芽期以 25~30℃为适宜；在苗期，白天以 25~30℃为宜，夜间以 18~25℃为宜；开花结果期则以 25~30℃为适宜。在 17℃以下的低温或 35℃以上的高温下，常导致落花落果，即使能坐果，也往往因发育不良而变成畸形果。高温也会使果实失去光泽，温度较低时表现为生长缓慢，温度低于 10℃时植株停止生长。育苗期间，气温低于 7~8℃时，茎叶就会受害，温度在 -2~-1℃时植株就会被冻死。

（二）光照

光照时间的长短对茄子的发育影响不大，但茄子是喜光作物，对光照长度和强度的要求较高。如果光照不足，则开花迟，甚至不能坐果的短花柱花增多。光照弱时，光合作用能力降低，植株生长弱，产量下降，并且色素难于形成，果实着色不良，特别是紫色品种更为明显。但过强的光照也会引起果实日灼病。

（三）水分

茄子分枝多，叶片大而薄，蒸腾作用强，开花结果多，因此对水分的需求量很大。茄子对水分的要求，随着生育阶段的不同而有所差异，生长前期需要水分较少，在门茄“瞪眼”以后需要水分较多，盛果期前后需要水分最多，应及时灌水，保证水分供应。茄子喜欢水，但又怕水，水多容易导致青枯病、褐纹病及根部病害等的发生。生产上应要根据茄子这种既喜欢水又怕水的特性，在天气干旱时注意多浇水，在多雨季节注意排水。

（四）土壤与养分

茄子对土壤条件要求不太严格，栽培以肥沃、富含有机质、保水保肥力强、排水良好、土层深厚的沙壤土或壤土为宜。适于在微酸性至微碱性的土壤上种植，茄子适宜土壤 pH 为 6.8~7.3。茄子收获的是嫩果，根据广东土壤养分的特点，所需要的肥料以氮肥为主，钾肥次之，磷肥较少。钙和镁对茄子的生长发育也是重要的。耕地时可每亩撒施 100 千克石灰，补充土壤中钙的含量，同时可调节土壤的酸碱度，减少青枯病的发生。大量施用钾肥也易引起缺镁。由于镁在土壤中易被雨水淋失，因此可在生长期叶面喷施 0.05%~0.1% 的硫酸镁溶液 2~4 次，防治缺镁症。

三、实用栽培技术

（一）选择适宜的播种期

茄子几乎都是先育苗而后移栽。南方春茄适宜的播种期为 10—12 月，苗期 55~65 天，1—2 月定植，4—5 月采收；秋冬茄适播期为 6 月下旬至 8 月中旬，苗期 35~45 天，10—12 月采收；冷凉地区（粤北及湖南、广西桂林等地）反季节栽培可在 2—3 月播种，苗期 40~50 天，4—5 月定植，6—7 月采收。每亩用种量为 10~15 克，用苗地 0.1~0.2 亩。

（二）培育壮苗

1. 苗床准备和种子消毒

应选择前作不是茄科作物、排灌条件好的地块，深耕暴晒，起高畦。播种前 1~2 天每亩用充分腐熟的细碎农家肥 1 500 千克左右加复合肥 20 千克做基肥，与表土充分混合。

（1）苗床消毒。播种前 7~10 天用五氯硝基苯、敌克松或多菌灵 500 倍液加敌敌畏 800 倍液喷洒并用塑料薄膜覆盖进行消毒。也可用福尔马林对苗床消毒。每平方米用 40% 福尔马林 30~50 毫升加水 1~2 千克，在播种前 20 天浇在苗床土上，然后用塑料薄膜覆盖熏蒸 4~5 天，除去覆盖物后将床土耙松，再晾 2 周后播种。上述方法可防治猝倒病和立枯病。

（2）种子处理。常用的种子消毒方法有温汤浸种和药剂浸种 2 种。

温汤浸种：将种子放入53~55℃的温水中浸20分钟左右，水量为种子重量的4~5倍，不断搅拌，使种子受热均匀。之后让水温冷却至30℃左右，保持该温度浸种4小时。该方法可杀死种子表面的病菌。药剂浸种：先用清水浸种4小时，再用10%的磷酸钠或0.1%的高锰酸钾溶液，浸泡种子15~20分钟，取出后用清水冲洗约30分钟，使种子表面干净、无黏液。该法可消灭病毒病及细菌性病害。或用40%福尔马林100倍液浸种15~20分钟后，取出用湿布包裹放入盆钵内密闭2~3小时，熏蒸消毒，然后用清水洗净待用。该法对防治茄子褐纹病效果较好。

2. 催芽

经浸种后的种子用纱布包好，放在盆钵中。盆底用小木条或竹条搭成井字茄，种子包放在架子上。种子袋内种子不要太多，也不要接触盆底，以免影响通气。种子袋上再覆盖几层温毛巾，以保持温度。然后置于25~30℃的环境下（如恒温箱、温室、炉火旁）催芽。催芽过程种子应保持湿润，并每天用温水淘洗1次。待大部分种子露白，停止催芽。如果气温在20℃以上时，也可不催芽而直接播入苗床，但苗床要保证有充足的水分，确保种子能吸足水分。

3. 播种

先在苗床中浇底水，待水渗干后薄薄地撒一层营养土，防止种子落入较深的土壤缝隙中，然后将催过芽的种子均匀地撒在苗床上，再盖上1层0.7~1厘米厚的营养土。覆土要均匀，厚薄要基本一致。覆土过厚，不利于种子出苗；覆土过薄，不利于土壤水分保持，常因床土干燥而影响种子发芽出苗，也易出现子叶“顶壳”出土现象，成为弱苗。有条件的最好用营养杯育苗，这样能保证小苗有适当的生长空间，移栽时伤根较轻，以后青枯病发生相对较少，而且缓苗较快。

4. 苗期管理

（1）调节温度。从播种至两片子叶充分展开这一时期，温度是关键，目的是为种子发芽和出苗创造良好的环境条件，达到早出苗、出齐苗。温度适宜，6天左右即可出苗，温度过低，有时可长达20多天，且出苗不整齐。苗期生长适宜温度为日间25~30℃，夜间15~20℃。春播因气温较低，播种后要用薄膜拱棚保温；夏、秋季播种气温较高，要用黑纱网降温，使棚内温度为25~30℃，并保持土壤湿润。

（2）加强通风与透光。幼苗出齐、进入幼苗期后，生长发育所需全部营养完全由幼苗本身制造，保证幼苗有充足的光照条件，是促进光合作用顺利进行，培育壮苗的关键措施之一。光照不足，幼苗茎细、高，叶片色淡黄而薄，出现徒长症状。因此，苗床要适时进行通风透光。遇低温或阴雨天气时，再及时盖上薄膜。在定植前7~10天完全揭开薄膜（纱网）进行炼苗。

（3）适时间苗和分苗。播种过密或播种不均匀，出苗后会出现过密、拥挤、容易徒长的现象，这时要进行间苗。间苗一般在长出1~2片真叶时进行，拔去过密、细弱、畸形、有病虫为害的劣质苗。当幼苗长至2~3叶时进行1次分苗。分苗是培育健壮幼苗的关键措施之一，目的是保证单株的营养面积，防止幼苗互相遮挡，改善幼苗的通风透光条件。分苗应保证每株苗最少有6厘米×6厘米的生长空间。

（4）加强肥、水管理。当幼苗长至3~4叶及移栽前，或苗期如果出现叶片发黄、叶小、茎细等生长不良的缺肥症状时，可适当追施少量速效肥料。追肥方法：可淋施0.3%~0.5%的复合肥水肥或稀释10~20倍的腐熟人粪尿、牲畜粪尿，或叶面喷施0.2%~0.3%的磷酸二氢钾、0.2%的尿素溶液。出苗后水分管理是关键，保持土壤湿润即可，不宜浇水过多，否则容易发生猝倒病等病害。

（三）定植

1. 定植大田的准备

定植大田要选择前作没有种植过茄科作物的田块。在移植前要施足基肥，一般亩用量最好是有充分腐熟的猪、牛、鸡粪1 000~2 000千克，花生麸50千克，过磷酸钙50千克，毛肥30千克，石灰50~80千克，在起畦成块时施入种植沟内。由于南方地区多雨，因此采用深沟高畦栽培，一般行宽1.7~1.8米（包沟），畦面宽1.1~1.2米，畦高30厘米左右。

2. 定植时间

当最低气温稳定在12℃以上，幼苗长至5~6片真叶时，即可移至大田。广东省有些地区如肇庆市，春种为争取早收获早上市，采用地膜加小拱棚的早熟栽培方式，可适当提早移栽。

3. 种植规格

茄子的产量由每亩株数、单株果数和单果重三个因素构成。茄子的叶片宽大，叶数多，相互遮蔽，通风透光性差，果实色泽容易变浅，且雨后湿度大，易发生病虫为害，落花落果严重。因此，应根据当地的收获期长短确定适宜的种植密度。收获期长的地区，如粤北和粤西地区，宜疏不宜密，亩植600~800株；收获期短的地区，如广州及珠江三角洲其他地区，亩植1 000~1 200株。如果前期的市场销售价格较好，可以先密植，待收获完"四母斗"（第3层）或"八面风"（第4层）果实以后，当植株较高、长势旺盛、叶片相互遮蔽明显时，可将中间的一些植株拔掉，使植株之间的密度变疏，以利于通风透光，保持中后期的产量和果实商品率。

4. 定植后管理

春季移栽淋适量定根水，夏、秋季栽培定根水量要充足，缓苗后可加大浇水量。遇雨天应及时排水，防止植株烂头等现象发生。定植后7天内应检查地老虎的为害及立枯病的发生情况，并及时补苗。

（四）大田管理

1. 中耕培土

中耕培土对茄子高产有着重要意义。当植株出现第一花蕾时开始培土、除草，保持土壤表面疏松，增加土壤透气性，以利于保水，促发新根。培土方法：将行中间的土往两边的植株拨，覆盖植株的基部，使中间形式1条约5厘米深的沟。培土时亩用复合肥40千克、尿素10千克、钾肥10千克、花生麸25千克，埋施在株与株之间。

2. 整枝

培土后要适时插竹、绑蔓、整枝。整枝方法：门茄（第一朵花所结果实）一般紧贴地面，容易变弯，商品性较差，一旦达到商品果标准即及早摘除。门茄以下各叶腋的潜伏芽，在一定条件下极易萌发成侧枝，为了减少养分的消耗，应及时去掉门茄以下的无用侧枝。生长后期可根据长势的差异采取以下整枝措施：

（1）植株生长较正常，出现轻度衰弱，可在“四母斗”以下部位有健壮芽处进行回缩，除去部分空枝、弱枝，适当留部分带果枝，重点留 3~4 个健壮芽。

（2）植株中度衰弱，基本无果或果少而小，对茄部位无健壮芽，门茄部位上下有健壮芽，可进行重回缩，留最下部位 1~2 个健壮芽即可。

（3）修剪后处理：剪枝后肥水供应要充足，每亩施尿素 10 千克、蔬菜专用肥或复合肥 20 千克，浇足水分，15~20 天后再施肥 1 次。

3. 摘叶

植株封行后，为了通风透光，减少落花和下部老叶对营养物质的消耗，促进果实着色，保持色泽鲜嫩，可将下部枯黄的老叶和病叶及时摘掉。一般将达到商品果标准的果实以下的叶片摘掉，上部叶片尽量少摘，以免因叶片太少而影响光合作用，造成营养供应不足而形成弯果。

4. 疏花疏果和保花保果

南方紫红长茄一般有主花、次花，有些品种次花较多，一定要摘除，保证主花结果，以便养分集中利用，增加单果重和商品率。来不及摘除次花的，结果后要及时摘除次花所结的果。

光照不足、土壤干燥、营养不良、低温（15℃以下）或高温（38℃以上）、持续阴雨天等均可引起落花落果。如果落花是由于温度过高或过低引起的，可合理用番茄灵等植株生长调节剂防止落花。植株生长调节剂的使用以开花前 1 天或开花当天效果最佳，以毛笔点或小喷雾器喷在花柄上。同时要根据不同的温度使用不同的浓度，温度低时浓度高些，温度高时浓度低些。浓度过高会造成大量畸形果出现。切忌将药液直接喷在叶片上，以免产生药害。

5. 肥水管理

茄子是一种耐肥蔬菜，生长结果期长，要多次追肥才能保持较长时间的开花结果，保证产量。坐果前少施氮肥，门茄坐果后追重肥。收果后要勤施薄施，每采收 2~3 次果追肥 1 次，原则是高氮高钾，亩用高氮高钾复合肥（N21-P15-K21）15~20 千克，或淋施稀释后的人畜粪尿、沤熟的花生麸水。

茄子又是一种不耐旱、不耐涝的作物。茄子的单叶面积大，水分蒸腾较多，当土壤水分不足时，植株生长缓慢，甚至引起落花，所结果实的果皮粗糙，失去光泽，品质差。进入盛果期后，是需要水肥最多的时候，应保持土壤湿润适中，切忌忽干忽涝，以保证果皮鲜嫩有光泽。

（五）采收

茄子以嫩果供食用，一般南方紫红长茄品种在移栽后 55~65 天、开花后 20~25 天可以采收嫩果。采收的迟早，不但影响果实的品质，而且影响产量。

茄子采收的标准，主要看“茄眼”的大小。“茄眼”是萼片与果实相连的地方，有一条白到淡绿色的带状环。若这条环带较宽，表示果实正在迅速膨大，不宜采收；若这条环带逐渐变小，趋向于不明显，表明果实的膨大转慢，应及时采收。在生产上及时采收，增加采收次数，是提高产量的一个重要措施。雨季及时采收，还可减少因烂果对产量造成的影响。

茄子采收的时间，最好是在早晨，其次是在傍晚，不要在中午高温时采收。如果要进行长途运输，在采收后还要进行预冷处理，以降低果实的温度，减少因呼吸作用较强而造成营养物质消耗较多，品质变劣。采收方法是用修剪枝条的剪刀在离萼片 0.5~1 厘米处剪断，果柄不宜留太长，以避免装箱运输过程刺伤果皮，影响果实的外观品质。

四、主要病虫害及防治

（一）青枯病

1. 为害特点

南方每年夏、秋季发生，暴雨后温度突然升高易引起病害流行。病株发病初期，顶叶或一侧叶片暂时萎蔫下垂，晚上复原，病势发展快，严重的病株经 7~8 天即全株呈青枯状枯死。横切病茎基部，可见维管束变褐色，用手挤压或经保湿，切面上维管束溢出白色菌液。将病茎插入装有清水的玻璃杯中，5~10 分钟后可见到乳白色菌液溢出，这一特征可与其他真菌性病害区分。

青枯病为土传性病害，在土壤中能存活14个月至6年之久，主要通过灌溉水、雨水和土壤耕作传播，高温高湿是此病发生的主要环境条件。

茄子青枯病症状

2. 防治方法

（1）实行与瓜类、豆类等非茄科作物轮作2年，而水旱轮作效果更好。

（2）选择抗病品种及干净田块培育壮苗。

（3）做好预防措施，在移苗前1天及移苗时用30% 王铜600~800倍液淋苗或做定根水灌根。

（4）发现病株要及时拔除，病穴撒石灰灭菌。

（5）在发病初期用72% 农用链霉素2 000倍液、30% 王铜600~800倍液或77% 可杀得600~800倍液等灌根处理，每株灌药液约0.3千克。另外，还可用青枯散灌根防治，但施用青枯散后不宜再用其他杀菌剂灌根，以免降低青枯散的药效。

（二）绵疫病

1. 为害特点

夏天雨水多时容易发生，主要为害果实，茎、叶及苗期也发病。先在近地面果实发生，受害果初为水渍状圆形斑点，稍凹陷，果肉变黑褐色、腐烂，病果易脱落，病果落地后很快腐烂。湿度大时，病斑表面长出茂密的白色棉絮状菌丝，扩展迅速。茎部受害初呈水渍状溢缩，后变暗绿色或紫褐色，其上部萎蔫，潮湿时上生稀疏白霉。

茄子绵疫病症状

绵疫病病菌在土壤中可存活3~4年，借雨水溅在茄子上发病，以后借风传播蔓延。绵疫病发病最重要的条件是降雨。

2. 防治方法

（1）要注意实行轮作，选地势高、易排水的地块，高畦种植。

（2）有条件的可在畦面覆盖稻草，适当摘除下部老叶、病叶，以利于通风透光，降低植株间的湿度。

（3）药剂防治重点是雨前和发病初期。药剂可选用75%百菌清600倍液、50%烯酰吗啉（安克）600~800倍液、72%克露600倍液、40%乙磷铝200倍液、65%代森锌500倍液、58%雷多米尔600倍液、64%杀毒矾500倍液或77.2%普力克800倍液等喷洒，每隔7天左右1次，连喷3次。

褐纹病为害茄子茎部

褐纹病为害茄子果实

（三）褐纹病

1. 为害特点

主要为害叶、茎及果实。幼苗茎部出现褐色凹陷病斑而枯死。成株期下部叶片染病，初生白色小点，后扩大为不规则形病斑，直径20~30毫米，中部浅黄色，边缘暗褐色，有不规则轮纹，上生黑色小点，后期病斑破裂或穿孔。成株茎上产生灰白色长椭圆形病斑，病斑多时连接成十几厘米的坏死区，使病部以上逐渐枯死。果实上病斑圆形至椭圆形，直径5~50毫米，褐色，上生大量小黑点。

褐纹病只侵染茄子，随病株残体在土中能存活2年，越冬菌先在茎、叶进行侵染，后借风雨传播。高温多雨季节容易发病，病势发展快。

2. 防治方法

（1）种子和苗床用药剂消毒，或在52~55℃热水中浸种20~25分钟消毒。

（2）实行轮作，高畦栽培，加强栽培管理，提高植株抗病性。

（3）植株发病时，先剪掉枯枝、病叶、病果，再进行喷药。可选用10%世高1 000倍液、70%甲基托布津800~1 000倍液、75%百菌清600倍液、28%易斑净1 000倍液、70%代森锰锌500倍液或30%王铜600~800倍液喷雾。发病初期每7天左右喷1次，连续喷2~3次。多种药物交替使用效果更好。

（四）白绢病

1. 为害特点

主要为害茄子茎基部。病株茎基部初呈褐色腐烂，并产生白色、具光泽的绢丝状菌丝体及黄褐色、油菜籽状小菌核，严重时叶柄、叶片凋萎，最后致植株枯死。发病适温30℃，特别是高温及时晴时雨有利于病害发生，连作地、酸性土或沙性地发病重。在田间病菌主要通过雨水、灌溉水等传播。

茄子白绢病症状

2. 防治方法

（1）发病重的菜地应与禾本科作物轮作，实行水旱轮作效果更好。

（2）选用地势高的田块，并深沟高畦栽培，雨停不积水。

（3）合理密植，及时除去病叶、病枝、病株，病穴施药或石灰。

（4）发病前喷施30%王铜600~800倍液预防。发病初期用50%多菌灵500倍液、40%五氯硝基苯悬浮液400倍液或70%敌克松600~800倍液淋植株基部，或用70%甲基托布津1 000倍液、68%金雷多米尔600倍液、72.2%普力克800倍液喷洒，每7天左右1次，连续用药2次。

（五）猝倒病

1. 为害特点

多发生在春季的育苗床上，有烂种、死苗和猝倒3种现象。主要

为害茄子幼苗，严重时成片死苗。出土前染病造成烂种或烂芽；出土后3片真叶前染病主要发生在幼苗茎基部，初现水渍状，暗绿色，后迅速扩展，病部缢缩成线状，往往在子叶尚未凋萎时，幼苗便折倒贴伏在地面上。湿度大时，在病苗表面或附近土表长出一层白色菌丝。该病扩展迅速，有别于立枯病。

病菌可在土壤中存活3~5年。病菌借土壤中自由水、流水、滴水等传播、侵染，因此土壤潮湿是此病发生的主要条件。幼苗期遇寒流、连续低湿阴雨天，或高温高湿、播种过密，及土壤水分多，都易引起猝倒病。

2. 防治方法

（1）苗床应设在地势较高、排水良好的地方。

（2）苗床用药剂处理，具体方法见前述苗床准备部分。

（3）种子消毒，用种子重量0.3%的40%拌种双或25%甲霜灵拌种。

（4）注意通风、降湿，多透光，切忌浇水过多，严格控制苗床水分。

（5）发现猝倒苗，立即拔除，并疏松床土，减少土壤水分。

（6）药剂防治可选用70%敌克松600~800倍液、50%多菌灵500倍液、58%雷多米尔500倍液、75%百菌清600倍液、64%杀毒矾500倍液或72.2%普力克600倍液，每隔7天左右1次，连喷2次。

（六）蓟马

1. 为害特点

主要为害瓜茄类蔬菜。5—10月（特别是秋季）是为害高峰期。蓟马成虫、若虫多在叶片背面或钻到花瓣内为害，锉吸植株的心叶、嫩芽、幼果的汁液，使被害植株嫩芽、嫩叶卷缩，心叶不能张开，导致植株生长缓慢，节间缩短。

2. 防治方法

虫害发生时可选用超力600~800倍液、蓟蚜敌1 000~1 200倍液、10%吡虫啉2 000倍液、蓟蚜净1 200~1 500倍液、1%阿维菌素2 000倍液或10%除尽1 500倍液等喷杀。喷药重点部位是生长点等嫩梢嫩

蓟马为害茄子

蓟马

叶、花朵及叶片背面。

（七）茶黄螨

1. 为害特点

其为害部位为植株顶部嫩叶，受害叶片背面呈灰褐色或黄褐色，具油质光泽或油渍状，叶缘下卷。嫩茎黄褐色、粗糙。果、果柄、萼片受害表面失去光泽而木栓化。这些特征有时被认为是生理病害或病毒病，一般温暖多湿的环境有利于其发生。

2. 防治方法

为防治果实被害，必须在开花期间就开始喷药。发病初期可选用4.5% 高效氯氰菊酯 3 000 倍液、73% 克螨特乳油 1 200 倍液、2.5% 天王星（联苯菊酯）2 000~3 000 倍液或 1.8% 阿维菌素 600~1 000 倍液，每隔 7 天左右 1 次，连喷 2~3 次。

（八）茄黄斑螟

1. 为害特点

以幼虫为害茄子花蕾、花蕊、子房，蛀食嫩茎、嫩梢及果实，造成枝梢枯萎、落花、落果及果实腐烂，失去食用价值。秋茄比春茄受害重。

2. 防治方法

（1）利用性诱剂诱集成虫，每隔 30 米设一个诱捕器（黄黏板）。

（2）在幼虫发生期，可用药剂防治，施药以上午为宜，重点喷洒植株上部，可选用 20% 杀灭菊酯 2 000~4 000 倍液、2.5% 功夫 2 000~4 000 倍液、2.5% 天王星 2 000~3 000 倍液、80% 敌敌畏 1 000 倍液或 50% 杀螟松 1 000 倍液。

（九）地下虫害

1. 为害特点

为害幼苗的地下虫害主要有地老虎、蝼蛄、蛴螬等，为害特点是将茎部咬断，造成缺苗。

2. 防治方法

可在整地或播种时，每亩用 50% 辛硫磷 250~300 毫升乐斯本颗粒剂 0.75~1 千克，拌沙或细土 20 千克，均匀地施于种植行沟内或苗床上。发现幼虫为害后，可用 90% 敌百虫 1 000 倍液、75% 辛硫磷 1 000~1 500 倍液或 90% 晶体敌百虫 800 倍液灌根，每株 100 克。

第三章

豆类蔬菜优良品种及实用栽培技术

第一节 豇 豆

一、优良品种介绍

（一）丰产二号

丰产二号

广东省农业科学院蔬菜研究所育成品种，2001 年通过广东省农作物品种审定。植株蔓生，侧蔓萌发力强，主蔓第 6~7 节开始着生花序，双荚多，荚色油青，长圆条形，荚长 58~66 厘米，横径约 0.8 厘米，较耐贮藏，品质佳。种皮黑色。中早熟，播种至初收春植 57 天，夏秋植 48 天，翻花力强，延续采收期 20~30 天。春、秋季均可种植，耐热、耐湿，抗枯萎病、根腐病，抗逆性强，丰产性好。

（二）宝丰

宝丰

广东省农业科学院蔬菜研究所育成品种，2007 年通过广东省农作物品种审定。蔓生，分枝较少，主蔓第 6 节左右开始着生花序，花紫色，荚长圆条形，长约 63 厘米，横径约 0.8 厘米，单荚重 25 克左右。商品荚绿白色，有光泽，荚形整齐，双荚率高，肉厚，纤维少，肉质脆嫩，食味佳，品质优，较耐贮藏。种皮黑色。早熟，播种到初收春植约 55 天，秋植 43 天左右。

适宜播种期为3—9月。生长势强，耐热，抗逆性强，抗病性强，丰产性好。

（三）丰产六号

广东省农业科学院蔬菜研究所育成品种，2010年通过广东省农作物品种审定。植株蔓生，叶片深绿色，第一穗花序着生节位4.5~5.3节。荚果呈长圆条形，绿白色，荚面微凸，纤维少。荚长约58厘米，荚横径约0.95厘米，单荚重约29克，品质优。从播种至始收春季64天、秋季43天，延续采收期36~40天，中抗枯萎病。田间表现耐热性、耐涝性和耐旱性强，耐寒性中等。

（四）谭岗油青

广州市农业技术推广中心育成品种。植株蔓生，叶色绿色，结荚性状好，双荚率高，荚整齐均匀，荚色油青，荚长约60厘米。豆荚鲜嫩，肉厚，纤维少，味甜质佳，耐贮存运输。种皮红褐色。中早熟，耐高温高湿气候，适应性强，丰产性好。

（五）夏宝

深圳农业科学研究中心育成品种，1997年通过广东省农作物品种审定。植株蔓生，主蔓第4节左右着生花序，株型紧凑，不易徒长，适宜密植，叶较细小，深绿色。荚绿白色，荚长55~60厘米，横径0.9厘米，荚尾饱满匀直。荚肉厚而紧实，不易老化，品质优。种皮色泽红白相间。早熟，播种至初收春植60~65天，秋植约45天，延续采收期25~30天。前期产量高，丰产。

（六）泰丰三号

深圳市农科蔬菜科技有限公司育成品种，2006年通过广东省农作物品种审定。植株蔓生，节间短，侧蔓2~4条。叶片中小，深绿色。花紫白色，主蔓开始着生花序节位5~6节。结荚多，双荚率高，荚长平均62厘米，荚粗0.95厘米，单荚重26克，荚色嫩绿色，肉质厚而细密，粗纤维少，炒食爽脆少渣，商品性好，耐贮运。种皮红白相间，红色部分带深褐色花斑。早熟，播种至初收春植60天左右，夏、秋植约48天，延续采收期30~45天。田间表现较抗枯萎病，中抗锈病和疫病。

（七）齐尾青

珠江三角洲地方品种。植株蔓生，节间长15~20厘米，侧蔓2~3条，叶浓绿色，主蔓第8~9节开始着生花序，花冠浅紫色，荚细长条形，色泽深绿色，长50~60厘米，宽0.8厘米，纤维少，品质好，单荚重16.7克。种皮淡红褐色。中熟。较耐热。较适宜夏、秋季种植。

二、对环境条件的要求

（一）光照

豇豆属短日照作物，对光周期的反应因类型、品种而异。一些品种对日照长短不严格，在春季、夏季和秋季种植都能正常开花结荚。另一些品种要求在短日照的季节栽培，缩短日照长度下可降低花序着生节位，提早开花结荚，适宜在秋季种植，在较长日照下茎蔓徒长，花序着生节位上升，延迟开花甚至不开花结荚。

豇豆生长要求有充足的光照条件，保证田间通风透光。早春季节如遇阴雨天气，苗期光照不足时，常导致幼苗生长纤弱，引起根腐病、疫病等毁灭性病害发生流行；在开花结荚期如遇阴雨天气，易造成大量落花落荚，降低产量。

（二）温度

豇豆喜温，不耐霜冻，整个生育期需要在无霜的条件下生长。豇豆种子对低温的反应比较敏感，温度过低，发芽缓慢，发芽率下降。种子发芽的最适温度为25~28℃。豇豆植株生长过程中温度低于10℃时，会造成生长缓慢甚至停止，5℃以下植株受冷害，接近0℃时受冻死亡，生长最适温度是20~30℃。豇豆较耐高温，但夏季田间温度超过35℃时，落花落荚严重，产量明显降低。

温度对豇豆生长发育快慢的影响较大，同一品种在早春播种至初收需要60~70天，秋季播种只需要45~50天，相差15~20天。

（三）水分

豇豆的根系比较发达，吸水能力强，对土壤湿度有较强的适应能力，耐土壤干旱能力比耐空气干燥的能力强。生长期间缺水，落花落荚将加重，产量明显降低。特别是在发芽期和幼苗期，要求湿度适中，土壤的透气性好，适宜的土壤水分为田间持水量的50%~80%。苗期切忌水分过多，否则使幼苗纤弱或徒长，严重时引起烂种或烂根等现象。

（四）土壤

豇豆适应性广，在多种土壤中均可生长，但以土壤通透性好、排水良好的沙壤土、壤土或黏壤土为好。土壤pH以6.2~7.0为宜，过酸或过碱均对根瘤菌的生长不利，还会造成土壤养分的活性下降，影响豇豆的生长发育。

三、实用栽培技术

（一）土地选择

宜选择地势开阔、排灌方便、耕作层厚、土质疏松、通透性好、有机质含量高、土壤pH为6.2~7.0的田块种植。

豇豆的枯萎病、根腐病等土传病害发生很普遍，宜选择前作为非豆科作物田块种植。切忌连作，要尽量实行轮作制度，最好实行水旱轮作，或与葱蒜类蔬菜轮作。

生产基地必须生态条件良好，远离污染源。生产环境要达到《NY 5010—2002 无公害食品　蔬菜产地环境条件》标准规定要求。

（二）品种选择

各地区对豇豆商品性的要求有很大差异，要选择抗病、优质、高产、商品性好、符合市场消费习惯的品种种植。广东省较大规模生产的豇豆有油青色和绿白色两种类型荚色品种，珠江三角洲一带传统的齐尾青等深绿色类型品种还有一定的种植面积，局部地区还栽培红色、红白花色、乳白色等类型的豇豆品种。

由于各地区的气候差别较大，栽培品种类型不一致，应根据栽培品种、气候条件及市场需求适时播种，安排好生产，达到豇豆产品的均衡供应。

（三）种植期

豇豆在广东省内 2—9 月均有播种，在这段时期内可分期播种，陆续采收上市。以春季和秋季播种栽培较为适宜，能获得较高的产量。一般春播在 3—4 月，秋播在 7 月下旬至 8 月下旬。

早春气候较不稳定，常常有寒潮侵袭，并伴有低温阴雨等天气，种子发芽期会使种子发芽率下降甚至全部霉烂。在幼苗期的抵抗力也较弱，受低温时容易受冻害死亡；阴雨时常有苗期病害根腐病、疫病的流行；寒冷干燥的北风会使幼苗叶片失水干枯。

在夏季气温过高时植株生长比较纤弱，营养积累不充分，结荚中后期衰老快，全生育缩短，且豆荚往往不粗壮，品质较差，产量较低。丰产二号、谭岗油青豆角等新品种适应性较广，耐热性强，抗病性强，较能适应高温、高湿和暴雨等恶劣环境，较适宜在高温高湿季节种植。

（四）播种种植

播种前进行种子处理可防止种子带毒引期的根腐病、炭疽病等病害发生，可用种子重量 0.2% 的 2.5% 适乐时种衣剂拌种。

豇豆播种一般采用直播。早春低温时为了提早上市，可在温室大棚或小拱棚内用穴盘育苗。大田播种或种植时可用地膜和薄膜小拱棚覆盖畦面，增加地温防寒。

营养土配制可用轻型基质、腐熟有机肥和少量稻田土等按一定比例配制，再加适量的复合肥，反复拌匀后备用。营养土要求疏松、细碎、孔隙度大，营养丰富平衡，有机质含量高，保肥保水性好，pH 6.2~7.0。

当幼苗第一对真叶展开、第一片复叶显露时要及时定植。种植畦应南北向，畦面呈龟背形，一般畦宽包沟160~200厘米，双行植，株距15~20厘米，每穴播种种植2粒。也可采用单行植，畦宽约100厘米，还可以和菜心、白菜等蔬菜间种。种植密度要根据不同季节和不同品种灵活掌握。一般叶片较大、分枝多的品种播种适当疏些；叶片较细、分枝少的品种可密些。春季生育期长，植株生长壮旺，可疏些；夏、秋季生育期短，生长势较弱，可适当密些。

豇豆小拱棚穴盘育苗

（五）肥水管理

豇豆肥料管理的原则：施足基肥，注意氮磷钾及中微量元素的平衡施用，增施磷钾肥，适量施氮肥；生长前期要预防徒长，开花结荚期可重施追肥，生育后期要防止早衰。

基肥应以有机肥为主，注意平衡施肥，一般每亩施有机肥1 000~2 000千克、过磷酸钙或钙镁磷肥25~50千克、硫酸钾20千克。缺镁的土壤每亩可增施硫酸镁4千克，缺硼的田地每亩可施硼砂0.5~1千克或速效硼肥100~200克。沟施20~30千克鸡鸭毛肥能改善土壤的通透性。

幼苗期豇豆生长主要靠基肥，应适当控制肥料施用，防止徒长。基肥充足时一般不宜追肥。在开花结荚之前的水肥管理是以控为主。当氮肥缺乏，幼苗生长纤弱时，每亩可追施3~5千克速效氮肥或稀薄的人粪尿水1~2次。在生长前期不能偏施氮肥，如氮肥过多，会造成植株茎蔓徒长，延迟开花结荚，使花序节位上升，形成中下部空蔓，降低豆荚产量。

开花结荚期要求有充足的肥水，第一花序结荚后即可重施追肥，每亩可追施复合肥10~20千克，以后根据植株生长情况每隔7~10天追肥1次；适当增施磷钾肥能使植株营养均衡，豆荚充实，产量增加。

如果水肥供给不足，植株生长易衰退，出现落花落荚。

结荚后期要适当增加肥水，防止早衰。这时根系吸收能力下降，可采用根外追肥，喷施 0.2% 的磷酸二氢钾、绿芬威等叶面肥 2~3 次，促进植株恢复生长和潜伏花芽开花结荚，即促进植株“翻花”，延长收获期。

豇豆不耐涝，雨后要及时排涝，忌田间积水。整个生育期要适当控制水分，防止病害发生和植株徒长。开花结荚期植株需水较多，要经常保持田间湿润，晴天注意多浇水。夏秋季高温烈日下可灌“跑马水”，保证水分供给，调节田间小气候。

（六）植株调整

苗高 25 厘米时，应及时插竹、引蔓。插竹方式随各地种植习惯而异，有篱笆架、人字架、倒人字架等多种类型。人字架稳固，比较抗风，较能保持田间通风透气性，使植株较好地吸收阳光，确保豆荚下垂时不会碰到叶片，减少豆荚螟的为害。

生长过密时可采取基部抹芽，剪掉主蔓第一花序以下的侧枝；侧芽也可保留一个节位摘心，利用侧蔓的第一花序开花结果。当蔓长达到 2 米以上，超过架顶端时，通常茎蔓的生长势变弱，可主蔓打顶促进花芽形成。同时，及时摘除老叶、病叶等，保持田间通风透光。

引蔓时可按逆时针方向将蔓缠绕在篱竹上，早晨茎蔓含水量高，茎蔓容易折断，最好安排在晴天的中午或下午引蔓。

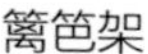
篱笆架

人字架

（七）采收

一般在花后10天左右，豆荚饱满柔软时即达到商品成熟期，要及时采收。豆荚衰老时肉质疏松，外皮增厚，荚腔中空，品质变劣，还消耗了过多的养分，引起植株早衰。

（八）包装、贮存、运输

豇豆不耐贮藏，收获后应尽快整理、包装、上市。临时贮存应保证有阴凉、通风、清洁、卫生的条件，防止日晒、雨淋、冻害，以及有毒、有害物质的污染，防止挤压等造成损伤。贮存堆码时要保证有足够的散热间距。贮藏条件以温度2~5℃、相对湿度80%~90%为宜。

运输要轻装、轻卸，严防机械损伤。运输工具要清洁卫生、无污染、无杂物。运输过程要严防日晒、雨淋，冬季要注意采取保温措施防止冻害，夏季要注意降温防止霉烂。

四、主要病虫害及防治

（一）缺镁

1. 症状特点

主要特征是植株下部叶片褪绿黄化，叶脉仍保持绿色，形成清晰的网状花叶，叶脉间和叶缘黄化，叶形完好。结荚期最易发生症状，一般豆荚着生位置以下的叶片症状明显。

豇豆植株缺镁症状

缺镁症状除形态诊断外，土壤或叶片组织也可分析诊断，土壤一般以有效镁（MgO）含量小于30毫克/千克为诊断指标，叶片组织一般以干物质中小于200毫克/千克的含量为诊断指标，低于这个含量为缺镁。

2. 防治方法

（1）保证土壤中镁的供应，平衡施肥，防止元素间的拮抗作用等影响镁的吸收。土壤缺镁时可施用硫酸镁等，每亩用量4~6千克。有些化肥如钙镁磷肥和一些复混肥有较高含量的镁，可适当选用。

（2）叶面补镁可快速矫正植株缺镁，发现缺镁症状时用0.2%~0.3%的硫酸镁或硝酸镁溶液喷雾，每隔5~7天1次，连续3~5次。

豇豆叶片缺镁症状

（二）煤霉病

1. 为害特点

煤霉病又称为叶霉病，仅发生在豇豆上，是一种较严重的叶片病害，常造成大幅度减产。发病初期叶正面出现边缘模糊的褪黄小斑，叶背相应部位出现淡红褐色霉斑。以后扩大成1~2厘米的近圆形红褐色至紫褐色病斑，边缘不明显，表面密生煤烟状霉菌，叶背面尤为明显。严重时大量叶片黄化、干枯、脱落，仅残留顶端嫩叶，采收期缩短，产量降低。高温高湿的天气最易发生和流行。

2. 防治方法

（1）选用抗病品种，平衡施肥，不偏施氮肥。

（2）注意田间通风透光，及时搭架引蔓，摘除和收集病残落叶并销毁。

（3）在发病初期用50%多菌灵400~600倍液、70%甲基托布津500~700倍液、75%达科宁600~800倍液或10%世高水分散粒剂1 500~2 000倍液，每隔7天左右1次，连续3次。

（三）疫病

1. 为害特点

为害茎蔓、叶和豆荚。茎蔓多在茎节部发病，初呈水渍状，无明显边缘，扩展后病部缢缩、变褐，病茎以上的叶片迅速萎蔫死亡。叶片发病时呈暗绿色至淡褐色水渍状病斑，边缘不明显。天气潮湿时，可蔓延至整个叶片，表面着生稀疏的白色霉状物。豆荚发病，在豆荚上产生暗绿色水渍状病斑，边缘不明显，后期病部软化，田间湿度大时表面产生白霉。

豇豆疫病症状

2. 防治方法

（1）实行轮作。

（2）保持田间干燥，防止田间积水；避免种植过密。

（3）药剂防治关键要在下雨前后施药预防，可选用 72.2% 普力克 600~800 倍液、64% 杀毒矾 500 倍液、68% 金雷多米尔 800~1 000 倍液或 30% 氧氯化铜 300 倍液等。

（四）枯萎病

1. 为害特点

整个生育期均可发病，开花结荚期发病严重。苗期发病后植株生长发育迟缓，最后黄化枯死。开花期发病植株下部叶片先变黄，逐渐向上发展，病叶叶脉变褐，近脉的叶肉组织变黄，最后叶片干枯、脱落。根和茎的维管束变褐色。温度在 24~28℃时最易发病。

豇豆枯萎病症状

2. 防治方法

（1）选用丰产二号等较抗枯萎病品种。

（2）严格实行轮作。

（3）保持田园清洁，防止农具、有机肥等带病菌进入田间，播种前进行种子消毒或包衣处理。

（4）药剂预防可用50%多菌灵500倍液、70%敌克松600~800倍液、75%达科宁1 000倍液或70%安泰生500~700倍液等，每隔7~10天淋施1次。

（五）豇豆荚螟

1. 为害特点

为害多种豆科蔬菜。以幼虫卷叶和蛀荚为害，造成大量落花落荚。豆荚被蛀食后，荚内及蛀孔外堆积虫粪。成虫体长约13毫米，翅展约25毫米，前翅中央有大、中、小白色透明斑各1个。老熟幼虫体长约18毫米，淡红褐色，各节背上有黑斑点6个，分前4后2两排排列。

2. 防治方法

（1）清除田间落花落荚，摘除被害的卷叶和豆荚销毁，以减少虫源。

（2）田间可挂杀虫灯诱杀成虫。

（3）药剂防治应采取“治花不治荚”的防治策略，在初花期期重点喷施花和幼荚，以8: 00左右花瓣张开时喷药为宜。可选用40%乐斯本1 000倍液、5%抑太保1 000~1 500倍液、高效Bt可湿性粉剂（8 000国际单位）500倍液、2.5%溴氰菊酯2 000倍液、5%美除1 000~1 500倍液或0.5%大神工1 000倍液等，每5~7天喷1次，连续2~3次。

（六）斜纹夜蛾

1. 为害特点

为杂食性害虫，寄主广，以幼虫食叶、花蕾、花及果实为害。低龄幼虫咬食叶肉，残留表皮呈透明斑。高龄幼虫咬叶成缺刻，暴食时可把叶片吃光。成虫体长近20毫米，翅展约40毫米，前翅灰褐色，翅上斑纹复杂，除波浪状横纹、环

斜纹夜蛾为害状

状纹和肾状纹外，翅中间有白色斜纹，故名斜纹夜蛾。老熟幼虫体长约 45 毫米，头部黑色，胴部体色多变，有土黄色、灰褐色或暗绿色多种，背部两侧各有 1 个半月形黑斑。幼虫亦有昼伏性，白天潜伏在土缝处，傍晚爬出来取食，有假死现象。初孵幼虫有群居现象。

2. 防治方法

（1）发生期要加强检查，及时摘除卵块及消灭初孵幼虫发生中心。

（2）用杀虫灯诱杀成虫。

（3）药剂防治在 3 龄前进行，可喷施 80% 敌敌畏 800~1 000 倍液、48% 乐斯本 1 000 倍液、3% 啶虫脒 1 500~2 000 倍液、98% 巴丹原粉 1 500~2 000 倍液、0.5% 大神工 1 000 倍液或 5% 美除 1 000~1 500 倍液，每 7 天左右喷施 1 次，连续 2~3 次。

（七）蓟马

1. 为害特点

豇豆的蓟马有多种，为害茎、叶、花和荚果。以成虫和若虫的锉吸式口器吸食幼嫩组织和器官的汁液，为害后叶片皱缩、变小、卷曲、畸形。花受害时导致大量落花落荚，幼荚受害产生畸形荚或荚面有粗糙的伤痕，为害严重时托叶干枯，心叶不能伸开，生长点萎缩，茎蔓生长缓慢或停止。蓟马为害同时还传播多种病毒。在高温干燥气候下较多发生。

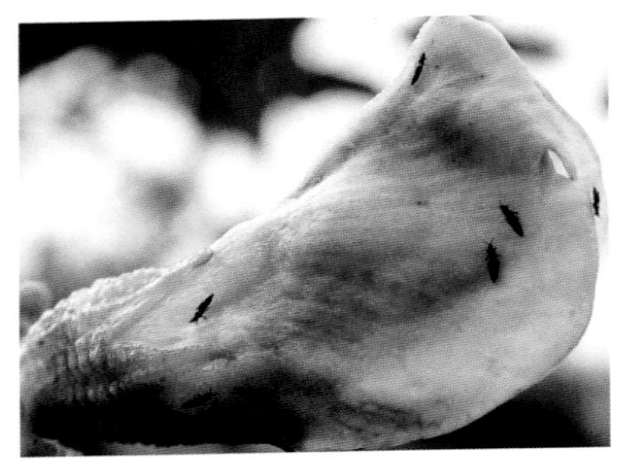

蓟马为害状

2. 防治方法

（1）应消灭虫源，清除田间杂草和残株落叶并彻底销毁，避免蓟马迁飞至田间。

（2）遇高温干旱的天气可采用跑马水灌溉的方法改善田间小气候。

（3）注意保护和利用天敌，如花蝽等。

（4）发现虫口密度增加时及时用药剂防治，可选用98%巴丹原粉1 000~1 500倍液、5%吡虫啉1 500~2 000倍液、10%除尽1 000~1 500倍液或5%美除1 000~1 500倍液喷雾，连续2~3次，每7天左右喷施1次。

第二节 菜 豆

一、优良品种介绍

（一）35号双青菜豆

广东省农业科学院蔬菜研究所与广州市番禺农业科学研究所育成品种。植株蔓生，小叶卵圆形，深绿色。主蔓第6~8节开始着生花序，花白色，每花序开花8~10朵，结荚4~6条。荚长14~16厘米，宽0.8~1厘米，荚色青绿，单荚重10克左右，品质较好。种皮棕色。较早熟，播种至初收约55天，延收期约30天。一般亩产1 500千克。抗逆性较好，抗锈病力较弱。

35号双青菜豆

（二）12号双青菜豆

广州市蔬菜科学研究所育成品种。植株蔓生，叶卵圆形，绿色，主蔓第7节左右开始着生花序，花冠白色，每花序开花6~8朵，结荚2~5条，荚长18~19厘米，宽1.2厘米，厚1.2厘米，单荚重11~13克。荚形整齐，荚色浅绿，种皮白色。播种至初收春植70~75天，秋植45~50天，延收期30~45天。较耐寒，耐贮运，较抗锈病，荚形整齐，品质优。亩产可达1 500~2 000千克。

（三）广州双青玉豆

广州市白云区蔬菜研究所育成品种。植株蔓生，小叶卵圆形，主蔓第8~9节开始着生花序，花白色。荚长扁条形，长18厘米，宽1.1

厘米，浅绿色，纤维少，品质好。种皮浅黄色，播种至初收春植约 70 天，秋植约 55 天，延收期 25~30 天。耐寒，抗锈病力较强。一般亩产 1 500 千克。

早又多菜豆

（四）早又多菜豆

广东省农业科学院蔬菜研究所育成品种。植株蔓生，主蔓第 5~7 节开始着生花序，花白色，荚长约 16 厘米，荚宽 0.9~1 厘米，单荚重 11 克左右。商品荚浅绿色，豆荚肉质脆嫩，肉厚，纤维少，不露仁，品质优。种皮白色。早熟，播种至初收春植 50~60 天，秋植 43 天，延收期 30 天。适应性强，抗逆性好，亩产可达 1 500 千克以上。

（五）穗丰 3 号菜豆

广州市农业科学研究院 2003 年育成品种。植株蔓生，主蔓第 5~6 节开始着生花序，花白色，每花序结荚 4~6 条，荚色浅绿，荚长 16~18 厘米。种子白色。较早熟，播种至初收春植 65~70 天，秋植 45~50 天，前期产量高。耐寒，较抗锈病。亩产可达 1 250 千克以上。

二、对环境条件的要求

（一）光照

菜豆属短日照植物，对光照强度要求较高。光照过弱时，植株易徒长，叶片数减少，光合速率下降，特别是结荚期如果遇连续阴雨天气，光照强度减少，植株的同化能力降低，植株生长纤弱，着生蕾数、开花数、结荚数及产量均有不同程度的减少。

（二）温度

菜豆喜温暖，不耐霜冻，亦不耐炎热，在 20℃下生长最为适宜。

广东省的菜豆栽培季节以避过霜期和不在最炎热的夏季开花结荚为原则。种子发芽适温20~25℃，35℃以上、10℃以下种子不易发芽。幼苗生长适温18~20℃，开花结荚适温18~25℃。温度过高，植株生长衰退，易造成落花落荚。

（三）湿度

菜豆是需水较多的作物，最适宜的土壤湿度为田间最大持水量的60%~70%。苗期比较耐旱，但土壤相对持水量不能低于45%。菜豆的根系需要较多的氧，如土壤积水、湿度过大，易引起基部叶片黄化脱落，导致大量落花落荚。

空气相对湿度对花粉萌发有很大的影响。若环境水分多，会影响花粉发芽率。春季雨水多，空气湿度大，不能正常授粉受精，是造成大量落花落荚的原因之一。空气过于干燥，相对湿度低于79%以下时，也将影响花粉的发芽率。

（四）土壤

菜豆对土壤条件要求不严，从沙壤土到黏壤土都能种植菜豆，但适宜在有机质含量高、富含腐殖质、土壤疏松、土层深厚、通气排水良好的土壤种植。要求的土壤pH为6~7，pH不能低于5.2。

三、实用栽培技术

（一）土地选择

应选择排灌方便，地下水位较低，土层深厚、疏松、肥沃，排水良好，有机质含量高，3年以上未种植过豆科作物的地块。若土壤pH 5.5以下时，应施用石灰等中和土壤酸性。

（二）种子选择

要选择抗病、优质、高产、商品性好、符合目标市场消费习惯的品种。精选出粒大、饱满、有光泽、大小一致、无病虫害和机械损伤的种子种植。最好用当年收获的种子，隔年的种子发芽率降低，容易出现畸形苗。

（三）种植期

栽培季节避过低温霜冻和最炎热的夏季开花结荚即可。一般10厘米地温稳定在12~13℃以上时可播种。

我国南北各地均可种植菜豆，利用南北方不同地区的温度差异，可周年生产菜豆产品满足市场供应。广东省大多数地区的菜豆栽培主要安排在春秋两季，春植可安排在12月至翌年3月播种，秋植9—10月播种。春季温度较低，播种菜豆可采用营养杯防寒育苗，第一对真叶展开时及时带土移植；大田栽培可在播种时用地膜覆盖，同时可辅助小拱棚覆盖等防寒措施。秋植菜豆前期温度较高，生长迅速，如过早播种，高温引起早期落花，开花结荚后容易早衰。

广东湛江、茂名一带冬季气温相对较高，可冬季栽培菜豆，通常在10月中旬至12月下旬播种。这一带的冬种菜豆已有较大的生产规模，成为我国南菜北运菜豆的重要生产基地。但冬季寒潮对菜豆生产有较大威胁，应积极采取防寒的应对措施。

（四）播种规格

广东省种植的菜豆通常为蔓生型品种，种植时要挖深沟，起高畦，一般畦宽包沟160~200厘米，要求畦高20~25厘米，沟宽约35厘米。双行植，每穴播2~3粒种子，留苗2株，亩基本苗数为6 000~8 000株。秋植比春植可适当密些。

矮生品种一般行距50厘米，株距15~20厘米，每穴播种4粒种子左右，亩基本苗数以8 000~12 000株较适宜。

播种后覆土不能过深，覆盖2厘米左右的细土即可，有条件的可在播种穴上覆盖稻草等防止雨水冲刷。夏、秋季天气炎热，可在畦边间种叶菜，以减少炎热天气对幼苗的影响。

（五）肥水管理

要施足有机肥、平衡施肥，磷钾肥有利于根系发育，每亩可施农家肥 2 000 千克、过磷酸钙 30 千克，全层施肥。

幼苗期适当控制肥水，特别是控制氮肥的施用，防止徒长。氮缺乏时可追施少量氮肥，如每次施尿素 2.5 千克左右，施 1~2 次。

第一花序开花结荚以后可重施追肥，满足菜豆对肥水的需求。如每亩可追施复合肥 30 千克和氯化钾 5 千克，以后根据植株生长情况大约每周追肥 1 次。

盛荚期后植株生长逐步衰退，应加强肥水管理，用 0.3% 左右的尿素、磷酸二氢钾或绿芬威等叶面肥喷洒叶面进行根外追肥，减少花荚脱落，延长采收期，增加产量。

（六）田间管理

播种后及时中耕除草。在插竹引蔓前宜耕除草和追肥 1 次。苗高 25 厘米左右开始抽蔓时，要及时插竹、搭架、引蔓，使茎蔓均匀分布在豆架上，减少相互间缠绕。引蔓时间宜在晴天 10：00 以后进行，按逆时针方向将蔓缠绕在篱竹上。搭架类型有篱笆架、人字架等。

（七）采收

一般开花后 10~12 天豆荚可达到商品成熟期，应及时采收。此时豆荚饱满柔软，由扁变圆，颜色由绿转为淡绿，有光泽，种子略为显露或尚未显露。豆荚衰老时肉质疏松，外皮增厚，荚腔中空，品质变劣，还会导致植株养分消耗过多，引起植株早衰。

四、主要病虫害及防治

（一）锈病

1. 为害特点

主要为害叶片。发病初期产生褪绿黄白色斑点，随后病斑中央突起成黄白色小疱斑，疱斑颜色逐渐变深呈暗红色小斑点，最终表皮破裂，散出近锈色粉末，严重时锈粉覆满叶面，叶片迅速枯黄，引起大量落叶。高温高湿、生长后期多雾多雨、日均温 24℃左右及低洼积水、通风不良的地块发病重。

2. 防治方法

（1）选用广玉1号、穗丰3号和广州双青玉豆的抗锈病力较强的品种。

（2）注意清洁田园和保持田间通风透光。

（3）药剂防治可用25%粉锈宁1 200~1 500倍液、40%福星8 000~10 000倍液、70%甲基托布津600~800倍液或10%世高水分散粒剂1 500~2 000倍液喷施，每隔7~10天1次，连续3~4次。

（二）病毒病

1. 为害特点

幼苗期至开花结荚期均可发病。田间症状颇为复杂，通常在叶脉或叶片上出现失绿、花叶、皱缩和斑驳等症状，严重时叶片扭曲畸形，植株矮缩变小，生长点坏死，开花迟缓，花器和荚果畸形，落花落荚严重，豆荚品质变差，有的出现深绿色的病斑或畸形。病害侵染源主要是带病种子和田间寄主植物。蚜虫迁飞繁殖的高温少雨天气易诱发病害发生和流行。通常秋植比春植的病重。

2. 防治方法

（1）严格选留无病种子，应检查确认是无病的植株上留种。

（2）及时防治蚜虫，防止再次侵染。

（3）注意田园清洁，发现病株时及时拔除并销毁。注意肥水管理，均衡植株营养，增强植株抵抗力。

（三）炭疽病

1. 为害特点

在叶片、茎、荚果及种子上都有发生。幼苗期在子叶上出现红褐色至黑褐色的圆形病斑，呈溃疡状凹陷；幼苗茎部发病时出现锈色条状病斑，稍凹陷，绕茎扩展后折断倒伏而枯死。豆荚病斑呈褐色至黑褐色，中间稍凹陷，边缘隆起，潮湿时长出朱红色黏质小点。病斑可向荚内扩展，致使种子染病。种子感染后呈褐色，形状大小不一，略向下陷。在多雨、高湿、多雾、通风不良时的清凉天气容易发病。

2. 防治方法

（1）选用无病种子，采收无病种荚留种。

（2）用种子重量0.2%的2.5%适乐时种衣剂或用种子重量0.3%~0.4%的75%达科宁拌种。

（3）实行轮作制度。

（4）保持田间清洁，引蔓用的旧竹竿要用药剂浸泡消毒。

（5）药剂防治可用75%达科宁与70%甲基托布津等量混合粉剂1 000~1 500倍液、2%农抗120 200倍液、绿亨1号3 000倍液、50%施保功1 000~1 500倍液、10%世高水分散粒剂1 500~2 000倍液、28%易斑净1 000倍液或25%阿米西达悬浮剂1 000~1 500倍液等喷施，每隔7~10天1次，连续3~4次。

（四）蚜虫

1. 为害特点

为害菜豆的蚜虫种类很多，一般成虫体长约1.8毫米，长卵形，黑色，具光泽，腹管长圆筒形，尾片乳头突状，无翅雌蚜体较肥大，黑色，有光泽。若蚜更细小，绿色。成虫和若虫群集于寄主的嫩芽、茎、叶、花及荚果等上吸食汁液，造成植株矮小、茎叶生长不良，组织卷缩、畸形，变黄，结荚少或籽粒不饱满，植株生育停滞乃至枯死，还传播病毒病，为害很大。

2. 防治方法

（1）防治蚜虫时首先要注意保护天敌，露地栽培可铺银灰色地膜或悬挂银灰色膜条驱避蚜虫。

（2）药剂防治可选用50%乐果1 000倍液、25%阿克泰5 000~8 000倍液或10%吡虫啉4 000~6 000倍液等喷施。

（五）螨类

1. 为害特点

螨类肉眼较难看到。成螨椭圆形，红褐色，足4对，雌螨体长

0.4~0.5 毫米，雄螨 0.26 毫米。主要群聚在植物叶片背面吸食汁液，使叶片受害，出现退绿斑点，呈现网状斑纹；后期斑点变大，植株出现矮化及叶缘卷曲、变黄、脱落现象，引起植株早衰和减产。高温干旱时容易大量发生。

2. 防治方法

（1）清除杂草及枯枝落叶，减少虫源。

（2）田间有 2%~5% 的叶片受叶螨为害时即用药剂喷雾防治，可选用 1.8% 阿维菌素 1 500~2 000 倍液或 15% 哒螨灵 3 000 倍液，每 6~7 天喷施 1 次，药剂宜交替施用，连续 2~3 次。

第三节　豌　　豆

一、优良品种介绍

（一）台中 11 号

台湾引进的软荚类型品种，在广东、福建等地普遍栽培。蔓生，蔓长 150~180 厘米，侧蔓较多，节间长约 7 厘米，叶长 18 厘米，深绿色。主蔓第 13~15 节开始着生花序，花粉红色，大部分花序结荚 1 个。荚长 7.5~9.5 厘米，宽 1.3~1.6 厘米，单荚重 2.5~3.0 克，荚形平直，青绿色，纤维少，品质好。种子黄白色。中早熟，播种至初收 75 天，可连续采收 70~80 天，抗白粉病弱。亩产 500 千克左右，高产可达 750 千克以上。

（二）604 特选

从台中 11 号的变异材料中通过选育改良的品种。植株蔓生，蔓长 150~200 厘米，花紫红色，嫩荚颜色青绿，长约 9 厘米，宽约 1.6 厘米，荚形平直，单荚重 3.0~3.5 克。从播种至嫩荚上市 60~70 天，具有耐旱、耐寒、抗白粉病、产量高、适应性广等特点，单株结荚 40 个以上，亩产 600~1 100 千克。

（三）白沙 961

汕头市白沙蔬菜原种研究所用饶平二花豌豆与台中 11 号豌豆杂交选育而成，1999 年通过广东省农作物品种审定。植株茎节较短，分枝力中等，主蔓第 11~12 节着生第一花序，花紫红色，单荚花序，荚平直而质脆嫩，长 8~10 厘米，宽 1.6~1.8 厘米，单荚重 2.8~3.0 克，适于速冻加工。早中熟，从播种至初收 55~60 天，全生育期 108~120

天。较耐热，耐旱，耐寒，抗白粉病力强，适应性广。亩产700~850千克。

（四）中豌6号

中国农业科学院畜牧研究所选育的矮生直立、适合间套种的早熟豌豆品种，1993年通过北京市农作物品种审定委员会审定。株高40~50厘米，茎叶深绿色，白花，硬荚。一般单株结荚7~10个，荚长7~9厘米，荚宽1.2厘米，单荚含豆6~8粒。干豌豆浅绿色，百粒重25克左右，鲜豌豆百粒重52克左右，单个青荚重4.5~5克。青豆出粒率47%左右，生育期65~75天。可作豌豆粒和豌豆苗栽培。干豌豆亩产150~200千克，高的达225千克以上；青豌豆荚亩产600~800千克。

（五）奇珍76甜豌豆

引自美国。蔓生，株高160~220厘米，茎粗，叶厚而深绿。花白色，双荚多。荚剑形，荚色绿，荚形肥厚，质嫩甜脆，含糖量高，既可作为高档蔬菜供应市场，亦适宜加工速冻出口。该品种从播种到开花需45~50天，采收期80~90天。适宜在我国大部分地区种植，适应性强，耐寒，耐旱，抗白粉病，产量高。

（六）无须豆尖1号

四川省农业科学院作物研究所选育的豌豆苗专用品种。植株蔓生，株高130~180厘米，生长旺盛，茎粗壮，托叶大，复叶的小叶较多，无卷须，叶肉厚，色泽碧绿，做菜肴有特殊清香味，品质优。花白色，硬荚，干籽粒扁圆形，白色，千粒重300克。较耐白粉病。亩产达1 000千克以上。

（七）美国豆苗

专供采摘嫩苗或嫩梢的豌豆品种。株高185~195厘米，复叶有卷须，叶片较小，花白色，品质佳，较耐寒，不耐热，亩产800千克嫩梢。

二、对环境条件的要求

（一）土壤

豌豆对土壤的要求不高，较耐贫瘠，在疏松、肥沃、富含有机质的土壤中能生长良好。在 pH 为 5.5~8.0 下均可正常生长，最适宜的土壤 pH 为 6.0~7.2。土壤 pH 小于 5.5 时，根瘤难以形成，植株生长受阻，应施石灰加以中和。微碱性土壤环境能促进根瘤菌的发育，提高其固氮能力，但 pH 大于 8 时会影响根瘤的生长。低洼积水时不能正常生长，易产生病害和烂根死苗。

（二）温度

豌豆喜冷凉气候，不耐炎热干燥天气。豌豆生长季节内平均气温在 22℃左右以下时有利其生长。耐寒性较强，种子发芽最低温度为 1~2℃，最适宜温度为 6~12℃，通常 4~6 天就可出苗。幼苗能耐 −6~−3℃的短期霜冻，往往植株已经冻僵，太阳出来后仍能继续生长。植株生长以 12~16℃为宜，开花结荚期以 16~20℃为宜。结荚期最不耐寒，遇霜冻容易受害，商品荚冻坏，失去商品价值；也不耐高温，开花结荚期超过 26℃时受精不良，引起落花落荚，豆荚硬化，品质变差，产量下降。

（三）水分

豌豆生育期间土壤相对含水量以 70% 左右为宜，空气湿度以 60%~80% 为宜。种子充分吸水膨胀后才能发芽，光滑圆粒品种需吸收种子本身重量 100%~120% 的水分，皱粒品种则需要种子本身重量 150%~155% 的水分。幼苗期适当控制水分有利于提高土壤的通透性，促使根系生长，为中后期的生长打好基础，较旱时，根系生长较快。如果土壤水分偏多，根系入土不深，分布较浅，降低抗旱吸水能力。从孕蕾到开花期，豌豆植株生长加快，至开花结荚期需水量逐步增加，开花后根系生长量少，因此在生长后期对水分比较敏感，保证充足的

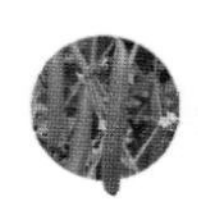

水分供应是获得高产的关键措施。

豌豆需水较多，忌干旱，不耐涝。水分过多，发芽期容易烂种，幼苗期容易烂根，初花期对水涝最为敏感，降雨过多会影响根瘤活动，明显减少结实率，造成减产。

（四）光照

豌豆为长日照作物，延长光照时间能提早开花，相反则会延迟开花。在短日照条件下，分枝较多，节间缩短。豌豆的整个生育期都需要充足的阳光，良好的光照条件可以减少落花落荚，促进荚果发育，如果植株群体密度过大，株间互相遮光严重，花荚就会大量脱落。

三、实用栽培技术

（一）食荚豌豆栽培技术

1. 土地选择

豌豆以选用排水良好、疏松、有机质含量高的壤土为宜。豌豆忌连作，连作对豌豆造成自毒作用，加重病虫的为害，产量显著下降甚至绝产。要实施轮作制度，一般要求轮作年限为 4~5 年，前作不能为豆科作物。

2. 品种选择

食荚豌豆的品种类型较多，按其食用器官及商品性状可将豌豆分为软荚豌豆、甜豌豆、粮用豌豆、菜用豌豆等类型，分别有专用型品种。有些豌豆品种可同时兼作几种类型的豌豆在生产上应用。

我国的软荚豌豆、甜豌豆大量销往日本、马来西亚、新加坡等国及我国港、澳、台地区，要根据产品的需求选择优良品种种植。

3. 种植期

豌豆品种对环境的要求基本决定了豌豆栽培的适种区域和适宜季节。广东省的豌豆生产以冬季为主，珠江三角洲地区适宜在 9—11 月播种，以 10 月下旬至 11 月上旬播种为宜。海拔较高及纬度较高的冷凉山区可适当提早播种，如海拔在 700 米以上，可在 7 月中旬播种；

海拔600~700米地方，可在7月下旬播种；海拔400~600米地方，可在8月初播种；海拔300米以上或比较冷凉的山区可在立秋后播种。

4. 播种

播种前最好先进行种子精选，剔除病虫粒、破碎粒、小粒、秕粒及成熟度差的不饱满种子，淘汰混杂粒、异色粒，提高种子纯度。适当晒种可提高发芽率和发芽势，提高种子整齐度，确保出苗整齐一致。

豌豆在播种前进行种子低温处理，可促进花芽分化，降低花序着生节位，提早开花和采收，增加产量。可在播种前进行浸种催芽，待种子开始萌动、胚根露出时在0~5℃下低温处理10~20天。

播种前畦土要深翻细作。播种方式通常采用条播，单行植或双行植，宜南北走向，以单行植较有利于通风和采摘荚果。单行植时一般畦宽100~120厘米（包沟），双行植160~200厘米（包沟）。每3厘米左右播1粒种子，每亩播种量约需种子2.5千克。

播种后用细土覆盖2厘米左右，再盖禾草，注意覆土不要太深，以免出土难而烂种。夏季早播，温度高，种植可稍密些。播种后可用化学除草剂减少草害，可先淋湿畦面，然后每亩用60%丁草胺乳油100毫升加水50~60千克喷施畦面除草。

播种后至出芽前，应控制水分，注意防止土壤过湿、温度过高等引起烂种。夏、秋季种植气温较高时病虫害防治是生产的关键环节，要进行种子消毒和土壤消毒。种子消毒可用种子重量0.2%的2.5%适乐时种衣剂拌种；土壤消毒可在播种后用多菌灵500倍液或恶霉灵4 000倍液淋施播种沟。

5. 肥水管理

豌豆应施足基肥，注意氮、磷、钾的配合平衡施用。每亩施有机肥1 000千克或复合肥15千克加过磷酸钙25千克，撒于畦面再掺入土中或开深沟施底肥。施磷肥对促进根系和茎蔓生长，增加结荚，提高产量的作用好，与农家有机肥料混合使用，效果更佳。

注意不要把基肥施在播种沟中，特别是在高温期播种，种子一旦与基肥接触，极易引起根腐病。高温季节可以少施或不施基肥，在豌豆出苗后培土培肥。

前期要控制氮肥，防止茎叶徒长而影响籽粒产量。幼苗期可结合中耕除草，施少量速效氮肥，配合施磷钾肥，诱发根瘤菌的生长和繁殖。可结合防治根腐病等病害与药剂一起灌根施薄肥，每次亩施含硫复合肥 5 千克、尿素 1 千克。

开花结荚时可重施追肥，每隔 10~15 天追施 1 次，亩施复合肥 25 千克、硫酸钾 10 千克左右，并结合培土喷 0.2%~0.3% 的磷酸二氢钾或绿芬威 1 号等叶面肥。

豌豆生长期间以土壤湿度 70% 左右为宜，保持土壤有较好的透气性，不宜在田间灌水。在开花结荚期要适当淋水，满足其水分需求，缺水会导致肥效降低，发育缓慢，降低产量及品质。春季雨水偏多，必须及时清沟排水，防止畦沟积水。

6. 田间管理

幼苗期至抽蔓期要进行中耕除草、清沟培土。在生长期间畦沟杂草多时，可每亩用 20% 克芜踪水剂 150 毫升左右，对水 25 千克，作行间保护性定向喷雾除草。豌豆植株较大时不宜中耕松土，以防伤根。

抽蔓期要及时插竹引蔓。一般支架高度以 2~2.5 米为宜。由于豌豆攀缘能力较差，要进行人工辅助引蔓，将豌豆茎蔓用塑料绳固定于支架上，帮助攀缘，每 30 厘米左右固定 1 次。引蔓时注意茎蔓要均匀分布，以利于通风和采收。在栽培过程中要保持合理的群体结构，使株间透光良好，增加叶片受光面积。

7. 采收

（1）软荚豌豆。收获嫩荚的豌豆一般在花后的 12~15 天采收。盛收期要每天采收，保证豆荚质量。甜豌豆荚果开花后 15~20 天荚果的长、宽、厚及鲜重达最大值时采收，过迟采收时豌豆种子发育使其淀粉增加，嫩荚的荚果露仁，品质变劣。由于豌豆的花期相对较长，一般要采用手工分批采摘的方法。出口软荚豌豆的规格标准是：豆荚鲜嫩，青绿，形端正，豆荚薄，不露仁，枝梗长不超过 1 厘米，无卷曲，无虫口、雀口、鼠口等。

（2）豌豆粒。豌豆粒通常在开花后的 18~20 天开始采收。收获通常采用手工采摘的方法，可分多次采收，因品种成熟特性和生育期长短而异。

（3）豌豆干籽粒。成熟豌豆干籽粒可一次性收获，在大多数荚果荚色转黄、荚果开裂前一次性拔苗或用镰刀收割。未成熟的豆荚有后熟作用，收获后可适当后熟以后晒干脱粒。

（二）豌豆苗栽培技术

1．品种选择

目前豌豆苗生产的专用品种多，有无须豆尖1号、黑目、美国豆苗等，同时还可以选用其他兼用型品种，如中豌6号等。

2．适当密植

豌豆苗生产可适当密植，能增加前期产量。在生产上因栽培品种、环境条件和栽培方法各异，栽培密度相差很大，亩用种量15~40千克，应根据栽培品种和种植方式适当密植，提高单位面积的产量。通常在9—11月播种，以行距30~40厘米、株距10~20厘米为宜。播种后覆盖细土2厘米左右。

3．肥水管理

豌豆苗生育期较长，生长过程中多次采收，要施足基肥，尽量多施长效有机肥，培育出粗壮的嫩梢。当豌豆出苗后，有2~3片真叶时可每亩施氮肥5千克左右。每次采收嫩梢后要及时追肥，促进茎叶生长，提高产量。

4．采收

播种25天左右，苗高15~20厘米，有2~3片复叶完全张开，顶端的嫩梢肥厚时，可开始采收。采收后在茎的腋芽上长出的嫩梢有3~4片复叶时可再次采收。在整个生育期重复采收多次，每隔10天采收1次，共采6~10次。

（三）豌豆芽苗生产技术

豌豆芽苗是一种新型的优质高档蔬菜，是以豌豆种子为原料培育而成的豌豆幼苗，采用无土栽培技术生产，生产设备和设施比较简单，生产投资小、成本低、周期短、见效快、生产效率和经济效益较高。

1. 厂房和设施

工厂化豌豆芽苗生产首先要有厂房，一般使用简易轻工业厂房或闲置房舍。生产环境要有适宜的温度、光照和良好的通风条件，具备优质水源，远离工业污染。整个芽苗蔬菜生产场地要合理布局，各个生产环节的操作应方便、合理、高效。种子贮藏、清洗、浸种、播种、催芽、生产管理、产品收获、包装、苗盘清洗的各个环节尽可能互相衔接，统筹安排。

为了提高生产场地的利用率，充分利用空间，通常采用立体的多层栽培架。栽培容器常采用塑料苗盘，苗盘要求大小适当，底面平整，筛孔通透，整体形状规范，且坚固耐用，价格低廉。通常采用外径长62厘米、宽24厘米的塑料苗盘。栽培基质主要选用无毒、质轻、持水能力强、使用后残留物易于处理的无纺布、网纱或新闻纸等。厂房内可装置微喷头、淋浴喷头或喷枪等，方便均匀浇水。另外，还要考虑浸种容器、残渣处理等，有必要时可考虑增加空调机等温度和湿度的控制设施，保证在恶劣的气候条件下能正常运作。

2. 种子选择

要选择芽苗生长快、茎叶幼嫩粗壮、纤维少、品质优良、产量高、抗病性强、产品有较大市场潜力的品种，如麻豌豆、中豌4号、中豌6号等。精选出籽粒饱满，纯度和净度高，发芽率和发芽势高，无任何污染的当年新种子，剔除成熟度差、不饱满、小粒、畸形、破损、霉烂、虫蛀的种子。种子使用前进行晒种，可提高发芽势和发芽率。无发芽力的种子在生产过程中会腐烂，严重影响芽苗的生长和产品质量。

3. 清洗

种子要严格清洗，清洗过程中继续剔除不合格的种子和杂质，保证种子整齐发芽。种子清洗前可采用温汤浸种消毒。清洗时用超过种子2~3倍的水淘洗3~4次，洗去种子上的尘埃、霉菌和黏液。

4. 浸种

清洗后即开始浸种。浸种时间因品种和水温而不同，不同品种的种子吸胀速度差异较大。种子吸胀速度也与水温的关系很大，水温低时吸胀速度较慢，所需的浸种时间较长，水温高时吸胀速度快，浸种时间较短。一般在种子基本吸胀，达到最大吸水量的90%左右时结束浸种。通常浸种时间在4~20小时。浸种后要再淘洗种子2~3遍，淘出未吸胀的硬实种子，洗漂去种皮上的黏液，然后沥干种子播种。

5. 播种

播种前苗盘必须彻底清洗，然后在苗盘底部铺上栽培基质。基质必须清洁无污染，具有较好的保水性能和通透性能。通常在苗盘的盘底铺上新闻纸，并洒水让新闻纸吸足水分。

播种时要求每盘种子的播种量一致，将种子均匀、整齐地铺在湿基质上。播种量的多少根据种子和芽苗生长状态等综合因素决定，一般为400~600克，以种子不重叠为宜。

6. 催芽

播种后将苗盘移至催芽室催芽。催芽时必须保证适宜的温度、湿度和良好的通透性。豌豆种子在15~20℃时发芽良好，通常将苗盘叠在一起，每6盘左右叠为1摞，上下层铺垫保湿层，达到保温保湿的效果。放置时应注意每摞叠盘之间保持5厘米左右的距离，加强通风透气，以利于均匀出芽。催芽过程每天应进行1~2次倒盘和浇水，变换苗盘上下前后位置，并均匀洒水。在日平均气温超过25℃时，苗盘不能摞在一起，否则会因呼吸发热烧伤种子，要将苗盘平铺在培养架上，使其充分散热，同时注意保湿。催芽室内应保持黑暗或弱光环境。勤喷水，保持较高的湿度。必要时实行空中喷雾，雾帘或用湿棉布遮盖苗盘等措施，达到保湿效果。当种子根系充分伸长，幼芽开始伸出并向上生长时，可移入栽培室管理。

7. 栽培室管理

移入栽培室应先在新的环境中适应1天，然后根据豌豆芽苗对环境的要求进行管理。

（1）温度。豌豆芽苗对温度的适应范围较广。温度低于20℃时芽苗生长慢，苗长得较粗壮，质量较好，产量较高，病害亦较少发生。温度过高时，芽苗长得比较纤弱，产品较易纤维化，病害容易发生和流行，引起烂种等造成损失。在夏季高温天气要采取措施防暑降温，最好能将室温控制在18~25℃。

（2）光照。要根据豌豆芽苗产品的需要安排适当的光照强度。需要绿色叶片的豌豆芽苗，则安排一定的光照。若需要黄化苗时，可以采用黄化栽培，要求在黑暗中栽培，栽培室要遮光，同时应保持室内空气流通。在黑暗条件下产出的黄化豌豆芽苗，品质幼嫩，不易纤维化。

（3）水分。进入生长期的芽苗蔬菜需要大量的水分。由于苗盘的基质保水性较差，需要及时补充水分，频繁浇水，采取小水勤浇的办法，保证豌豆芽苗对水的需要。浇水量以掌握苗盘内基质湿润而不会滴水为度，前期浇水适当少些，中后期必须加大浇水量。

8. 收获与销售

豌豆芽苗菜产品的贮藏期短，产品达到收获期时必须尽快上市，尽量缩短和简化产品运输流通环节，可采用集装运输进行整盘活体销售和采收后小包装上市。

整盘活体销售为豌豆芽菜销售的普遍方式，这种方式保证了芽苗蔬菜产品的鲜活，消费者可以随取随吃，免去了产品采收、包装上市过程中等一系列采后处理过程，防止了采收至销售过程中造成的腐烂、变质等损失。

切割销售的产品主要是销售给商店和市场。采收时从距基部 2~3 厘米处剪断，然后按每盒 100 克装盒或按每袋 300~400 克装袋上市。每千克豌豆种子可生产出 1~1.5 千克豌豆芽苗。采收豌豆芽苗以后的基部茎节还可重新长出新芽，可多次收获取得更高的产量。切割小包装上市，其产品外观漂亮，运输效率高，食用方便，是一种重要的销售方式。切割销售的产品极易腐烂变质，贮藏期极短，给销售带来极大的困难，必须用配套的冷藏库、冷柜进行运输、销售，才能保持较长的货架期。

四、主要病虫害及防治

（一）白粉病

1. 为害特点

为害豌豆和其他豆科蔬菜的叶片、叶柄、茎蔓和荚。发病初期病部出现失绿小斑块，然后出现白粉状斑点，不断扩大呈不规则状，病斑之间互相连合，扩展至整个叶面。受害叶片很快枯黄、脱落，最后整株茎叶枯黄和干缩。在叶背、茎蔓和荚的病斑上有时会出现褐色或紫色斑点。

豌豆白粉病植株症状

2. 防治方法

（1）注意选用抗白粉病品种，如白沙961、中豌4号、604豌豆、食荚大菜豌1号、甜豌豆等。

豌豆白粉病为害荚果状

（2）要平衡施肥，勿偏施氮肥。

（3）合理密植，保持田间通风透光性，及时摘除老叶和病叶，减少病源。

（4）可用50%超微硫黄悬浮剂150~200倍液喷施预防病害发生，发病时用75%达科宁600倍液、2%农抗120 200~300倍液、25%粉锈宁1 200~1 500倍液、40%灭病威400~600倍液、10%世高水分散粒剂1 500~2 000倍液或25%阿米西达悬浮剂1 000~1 500倍液等防治，每隔7~10天1次。

（二）根腐病

1. 为害特点

为害根和茎基部。发病时病株下部叶片黄化，逐渐往上发展，使全株变黄而枯萎死亡。发病植株的茎基部乃至整个根部腐烂。发病较轻时根部的维管束组织变暗褐色，仍可存活并开花结荚，但生长势差，叶片变黄绿色，产量受到严重影响。病原菌在土壤中可腐生2~3年。在播种过密，基肥不腐熟，尤其种子与不腐熟基肥接触时极易发生。夏秋高温季节常发病严重，常有豆苗大量枯黄，生产损失严重。

2. 防治方法

（1）合理轮作，与非豆科作物轮作3年以上。

（2）防止种子带毒，用种子重量0.2%左右的75%达科宁拌种。

（3）可选用70%敌克松800倍液、50%多菌灵600倍液、高锰酸钾600倍液、75%达科宁和75%甲基托布津等量混合药1 000~1 500倍液或2.5%适乐时悬浮液1 500倍液淋施，每隔7天左右1次，连续淋2~3次。

（三）潜叶蝇

1. 为害特点

成虫体长2毫米左右，头部黄色，复眼红褐色。胸部、腹部及足灰黑色。翅透明，有虹彩反光。老熟幼虫体长约3毫米，体表光滑透明。幼虫孵化后蛀食叶肉，留上、下表皮，形成弯曲的隧道，隧道随虫龄增大而加宽。

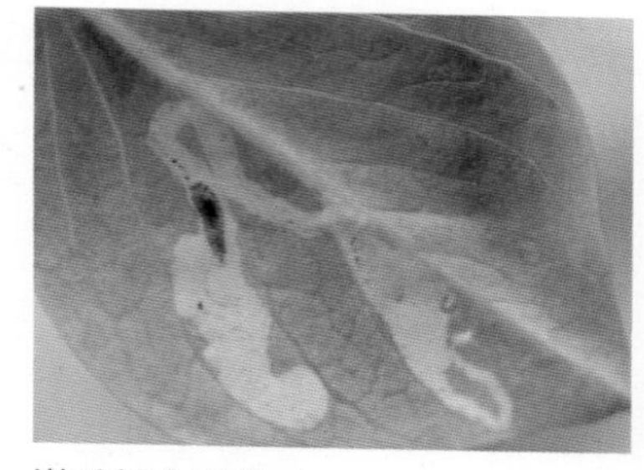

潜叶蝇为害状

2. 防治方法

（1）注意田园清洁，减少虫源。

（2）药剂防治可用48%乐斯本1 000倍液、98%巴丹原粉1 500~2 000倍液、0.5%甲氨基阿维菌素苯甲酸盐1 000倍液、10%吡虫啉2 000~3 000倍液或75%灭蝇胺5 000倍液，每隔7~10天1次，连喷2~3次。

（四）豆秆黑潜蝇

1. 为害特点

又称豆秆蝇、蛀秆蝇。成虫体长2.5毫米左右，体色黑亮，腹部有蓝绿色光泽，复眼暗红色。前翅膜质透明，具淡紫色光泽。飞翔力较弱，多集中叶面活动，常以腹末端刺破豆叶表皮，吸食汁液，致使叶面呈白色斑点的小伤孔。幼虫可在叶内蛀食，沿叶脉达茎秆髓部，造成中空，水分和营养输送受阻。苗期受害时叶片黄化，植株矮化，重者茎秆中空死亡。后期受害时落花落荚等。

2. 防治方法

（1）注意田园清洁，防止豆科作物的虫源迁入为害。

（2）播种时在播种沟中撒施乐斯本颗粒剂，每亩 1 千克左右。

（3）种子出苗后可用 25% 阿克泰 5 000~8 000 倍液、50% 乐果 1 000 倍液、48% 乐斯本 1 000 倍液、98% 巴丹原粉 1 500~2 000 倍液或 10% 吡虫啉 2 000~4 000 倍液等防治，每 5 天左右施 1 次。

第四章

叶菜类蔬菜优良品种及实用栽培技术

第一节 菜　心

一、优良品种介绍

菜心品种较多，按照栽培季节、熟性等，可分早熟种、中熟种和迟熟种 3 个类型。

（一）早熟种

一般早熟种比较耐热、耐湿，生长期短，冬性弱，抽薹快，花期整齐，采收延续时间短。播种至初收 26~33 天。株型较小，比较疏节，侧芽少，菜薹细，产量较低。

1. 碧绿粗薹菜心

株型直立、矮壮，株高 24.7 厘米，株幅 22.4 厘米。叶片椭圆形，油绿色，叶缘全缘，叶长 16.2 厘米，叶宽 8.8 厘米，叶柄长 5.0 厘米，叶柄宽 1.4 厘米。主薹高 18.4 厘米，薹粗 1.5 厘米，薹重 25 克。薹色油绿，有光泽，质爽脆、味微甜，纤维少，品质优。早熟，播种至初收 28~30 天。

2. 油绿粗薹菜心

株型直立较高，株高 30.8 厘米，株幅 24.4 厘米。叶片椭圆形，油绿色，叶缘全缘，叶长 20 厘米，叶宽 10.6 厘米，叶柄长 5.9 厘米，叶柄宽 1.7 厘米。主薹高 22.2 厘米，薹粗 1.8 厘米，薹重 38 克。薹色油绿，有光泽，质爽脆、味微甜，纤维少，品质优。早中熟，播种至初收 30~33 天。

3. 四九菜心—19 号

广州市农业科学研究院蔬菜科学研究所从“四九菜心”中经系统选育而成的品种。株高 38 厘米，开展度 23 厘米，基叶 5~6 片。叶长卵形，长 24 厘米，宽 13 厘米。菜薹高 18 厘米，主薹重 40 克，淡绿色，具光泽，纤维少，品质较好。早熟，播种至初收 33 天，延续采收 10 天。亩产 800 千克。耐高温多雨，抗炭疽病，耐霜霉病和软腐病，适于夏、秋季栽培。

碧绿粗薹菜心

油绿粗薹菜心

（二）中熟种

中熟品种耐热、耐湿能力比早熟种弱，一般播期为 4—5 月和 9 月至 11 月上旬，播种至初收 38~45 天。株型中等。

1. 油绿 701 菜心

广州市农业科学研究院蔬菜科学研究所育成品种。株高 30.4 厘米，株幅 26.7 厘米，基叶稍柳叶形，绿色，长 23.7 厘米，宽 9.2 厘米，叶柄长 8.7 厘米，宽 1.72 厘米。薹叶柳叶形，薹叶少，节疏，菜薹紧实匀称，不易空心，耐贮运，油绿，有光泽，薹棱沟浅或无，主薹高 23~25 厘米，横径 1.5~2 厘米，重 45~50 克。播种至初收 37~43 天，延续采收 7~10 天，亩产 1 000~1 500 千克。质爽脆，风味甜，纤维少，纯度高，齐口花，抽薹性状好，外形美观，商品率高，商品综合性状好，品质佳。耐病毒病、霜霉病，适应性广，

油绿 701 菜心

抗逆性强，丰产稳产，适宜出口和市销。

2. 60天菜心

广东省农业科学院蔬菜研究所育成品种。株型直立、较矮，株高34厘米，株幅25厘米，叶片椭圆形，油绿色，叶缘全缘，叶长16厘米，叶宽10厘米，叶柄长5.0厘米。主薹高20厘米，薹粗2厘米，薹重35克。薹色油绿，有光泽，质爽脆、味微甜，纤维少，品质优。早中熟，播种至初收35~37天。

60天菜心

（三）迟熟种

迟熟种冬性强，可在11月至翌年3月播种。一般播种至初收55~65天。株型较大，花球大，基部侧芽较多。

1. 特青迟心4号

广州市农业科学研究院蔬菜科学研究所育成品种。株型矮壮，株高30厘米，开展度34厘米，基叶7~10片，长卵形，深绿色，有光泽，叶柄较短，薹叶6~8片，狭卵形，菜薹均条实心。主薹高25.5厘米，薹粗1.5~2.1厘米，薹色青绿，有光泽，薹重50多克，商品率高。生长势强，冬性较强，迟熟，耐霜霉病，质脆嫩，风味好，纤维少，宜出口及市销。播种至初收53~56天，亩产1 000~1 400千克。

2. 翠绿80天

生长势强，株型粗壮，基叶叶片中等，椭圆形，油绿色，菜薹粗壮，油绿，有光泽，纤维少，品质优。薹高约25厘米，横径2~2.5厘米，节间中等。抗病，适应性广，耐炭疽病和霜霉病，是菜场出口和内销市场的最佳品种。播种至初收45~55天，亩产1 000~1 500千克。广州地区适播期11月至翌年3月

翠绿80天

上旬，其他地区可根据当地实际情况参照广州气候调节播种。可直播，或使用设施薄膜大棚用营养盆育苗移栽。

二、对环境条件的要求

（一）温度

菜心生长适温为15~25℃，种子发芽和幼苗生长适温为25~30℃；叶片生长期适温为15~20℃，20℃以上生长缓慢，30℃以上生长较困难；菜薹形成期适温为15~20℃。在白天温度为20℃、夜间温度为15℃时，菜薹发育良好，经20~30天可形成质量好、产量高的菜薹。栽培时最好前期温度稍高，以促进植株营养生长；转入生殖生长后逐渐降温，以利于菜薹形成。

（二）光照

菜心属长日照植物，整个生长期都必须有充足的光照，光照不足会造成徒长。

（三）水分

菜心的根系浅，不发达，对水分吸收能力较差，而且菜心的栽培密度大，叶面水分的蒸发量大，所以菜心在整个生长过程中都要有充足的水分条件。但是土壤的水分含量又不能太高，过多时容易引起植株生长瘦弱，品质差，产量低。田间湿度过大易诱发病害。

肥水与菜薹形成关系密切，尤其是植株现蕾前后需肥水充足，以利于菜薹形成；主薹形成后，应及时供应肥水，促进侧薹形成，延长收获期，提高产量。

（四）土壤与养分

菜心对土壤的适应性较广，但以富含有机质及保水、保肥能力强的壤土和沙壤土最为适宜。菜心对无机营养的吸收，以氮素最多，钾次之，磷最少。

三、实用栽培技术

（一）土壤选择

菜心主根短，侧根发达，根系入土浅，根再生能力强，对土层要求不深，但对土质要求以排灌良好、含有机质多的沙壤土为好。

（二）品种选择

菜心不同类型对播种季节要求严格，应根据不同季节选择不同品种。早熟种可在5—9月栽培，中熟种则在9—10月或4—5月播种，迟熟种则于11月至翌年3月播种。不可错用品种，否则会出现不同结果。若早熟品种于11—12月播种，则很快抽薹，由于没有足够营养生长，株型过小，叶片细小，菜薹纤细，品质差，产量低；反之，若迟熟种于7—8月播种，则由于不抽薹或抽薹很慢，叶生长过茂盛，只能收“菜心棵”上市，降低商品价值。因此，必须先确定品种。不同品种有不同的栽培方法。

1. 早菜心栽培技术要点

早菜心在5—9月播种，此段时期气候较恶劣，特别是7—8月，高温多雨，台风暴雨也多，易发生病害和死苗。为保证生产，可采取以下措施：

（1）选用优良品种。如采用广州市农业科学研究院蔬菜科学研究所选育的四九菜心—19号或广东省农业科学院蔬菜研究所选育的油绿粗薹菜心，具有耐热、耐湿性强特点，同时也能够抗丝核菌叶片腐烂病和软腐病。

（2）间套种。与节瓜、豆角、丝瓜等高生蔬菜套种，可起到遮阴防雨作用，也可与水葱、苋菜等作物间种。

（3）采取直播。由于移苗时根系会受到损伤，在高温多雨情况下易死苗，因此宜用直播方法。

（4）及早疏苗。由于温度高、湿度大，且直播密度大，易徒长和感染病害，因此，应及时疏苗，保持通风。

2．中熟菜心栽培技术要点

中熟种一般在4—5月和9—10月播种。由于中熟种抗病能力较弱，必须防止霜霉病及炭疽病的发生和蔓延。

3．迟熟菜心栽培技术要点

迟熟种在11月至翌年3月播种，必须注意寒潮和低温阴雨影响。天气较冷时，选用冬性强品种如迟心29号，或选择在寒潮末晴天播种，用温汤浸种催芽后播种，并用薄膜铺盖，以缩短出苗期。

（三）栽培方法

1．直播栽培

将种子直接播于大田，不经移苗，只间苗1~2次，补苗1次，保持幼苗一定密度，直至采收。这种方法比较简便，省工，且比起移植可提早收获，密度大，产量高。一般菜心在6—8月高温多雨季节或2—3月低阴雨时迟菜心播种采用此方法。但直播缺点是菜薹大小不均匀，易空心，抽薹不整齐，菜薹色泽较淡，品质稍差，且直播大田占地时间比移植长，土地利用率低，用种量也多。一般直播亩用种量为300~500克。

2．移植栽培

在苗床育苗20~25天，长至一定大小时，才移到大田栽培，这种方法大田占地时间短，能提高土地利用率，可选择壮苗，植株生长整齐，抽薹齐一，收获期集中，菜薹生长均匀，品质好。移植栽培节省种子用量，定植一亩田，只需用种量75~100克。但移植费工，要求技术也高。一般中、迟熟菜心栽培采用此方法。

3．直播、移植前土壤处理

菜心直播栽培，田间杂草较多，特别是春、夏季，杂草对菜心为害大，使用除草剂消灭杂草，可减少除草工作，节约生产成本，提高菜心产量。可采用拉索或都尔乳剂，每亩用量100毫升，加水60千克稀释喷射。施药方法，可在畦平整后播种或移植之前，先淋湿畦面，再喷药，注意尽量不要松动表土，以免药层失效。

（四）育苗和定植

1. 育苗

（1）播种。先做发芽率试验，首先要选择大粒、新鲜种子，其发芽率、发芽势好，长出幼苗也较健壮。畦面要平整细整，播种前先淋少许水，使畦湿润，然后播上种子，再淋水把土壤全面湿润，最后用芽前除草剂丁草胺350倍均匀喷在畦面。播后用稻草或草木灰、火烧土等覆盖，再淋水，这样种子不会被水冲入土层深处，也能使种子和土壤接触良好。在高温多雨季节，菜心易徒长，可疏播，秋、冬季则可播多些。一般播后1~2天便出芽。冬季较冷时，时间较长，可催芽后才播，以缩短苗期。

（2）淋水。种子刚出芽，耐旱能力很弱，必须经常保持湿润，干旱天气早晨、中午、傍晚各淋水1次，同时，淋水最好用浇花工具，水点细，不会冲坏幼苗。

（3）施肥促苗。菜心出芽后10~13天，可薄施氮肥，以后每隔5天1次，整个苗期约施肥3次，施肥要结合淋水，以免发生肥害。

（4）补苗、间苗、除草。第1次间苗可在1~2片真叶后，把过密苗、弱苗、高脚苗等除去，第2次可在3~4叶期进行，并结合补苗，保持3~6厘米株距，使植株生长整齐。一般喷过拉索或都尔之后，只要保持畦表土不松动，杂草很少发生，若有阔叶杂草，可结合间苗拔除。

2. 定植

（1）苗期把握。菜心生长较快，苗期不可太长，一般早熟种约18天，中熟种20天，迟熟种25~30天。弱苗、徒长苗或起节的苗应除去，不宜定植。育苗地密度大，可分1~2次拔苗移植。早熟种只移植1次，中、迟熟种可移植2次，留下的弱苗原地加强管理，直到采收。

（2）栽植密度。栽植密度应根据品种来定，一般早熟种株型小，宜密植，可采用10~15厘米株行距，中熟种和迟熟种株型大，株行距可分别为15厘米×20厘米、20厘米×24厘米。只采收主薹的，可密植些，收主、侧薹的，可适当疏些。菜心适宜浅种，以子叶齐畦面为宜。

（3）定根水。定植时随即淋水，要逐株淋透，保证根系与土壤接触良好。定植后3天应施薄肥促进生长。

（五）田间管理

1. 施肥

菜心除要施足基肥外，必须结合追肥，才能夺得丰产。基肥可用腐熟的厩肥等迟效性有机肥料。而追肥在定植之后，做到早施、薄施、勤施，一般4~5天追肥1次，生长前期可用速效氮肥，如尿素，也可用腐熟人粪尿或花生麸，并结合淋水。菜心虽然以氮肥为主，但磷钾肥对菜心生长起促进作用，可提高品质、增加产量，可在生长中后期追施复合肥，每亩用量15~20千克。

2. 淋水

菜心对水分要求较严，必须正确掌握淋水方法和时间。淋水时，应使水滴均匀地洒在畦面和叶面，避免水点太大。一般晴天的早晚要淋1次水，在炎热天气，上午11：00应淋1次“过午水”，以湿润叶面和畦面。冬春低温期中午淋水，可增加土壤温度。为了预防软腐病和丝核菌叶片腐烂病发生和蔓延，在相对湿度较大的南风雾天气应少淋水，菜薹采收期也应减少淋水。

（六）采收

菜心采收时，以菜薹“齐口花”为标准，太早收产量低，迟收则品质差。采收时，可用小刀从茎伸长处切断，30多条菜薹扎成一把，束成窄扇状，面积较大的菜场一般采收后逐棵排列整齐，放入胶筐以方便运输和出卖。收获菜薹可在早晨进行，收后可在菜薹上面洒些水，保持湿润。一般早熟种收获期较短，迟熟种收获期较长，最长约15天，但最好选择收获期集中的品种，以便集中上市。菜薹生长齐一的品种可在3~4天内收完。采收时期，可每天采收1次。

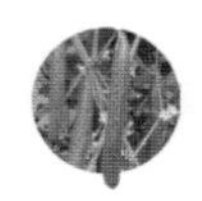

四、主要病虫害及防治

（一）丝核菌叶片腐烂病

1. 为害特点

6—8月高温多雨天气下发生最盛，为害叶片，初呈水烫状湿腐病斑，扩大后变为不整形，干燥后变为灰白色，在湿腐处密布蛛网状菌丝体，后变为棕褐色的菌核。易传染蔓延。

2. 防治方法

可用25%多菌灵600倍液等。

（二）霜霉病

1. 为害特点

各播期均可发生，以晚秋及早春为害较多。叶片病斑初呈淡绿色，后因叶脉限制而成为多角形，淡黄绿色，后变为暗褐色。

菜心霜霉病症状

菜心炭疽病症状

2. 防治方法

（1）清洁田园，减少菌源。

（2）用75%百菌清800倍液、68%金霉800倍液或50%安克2 000倍液喷射叶背和叶面。

（三）炭疽病

1. 为害特点

夏季高温时易发生，为害叶片为主，叶片染病，初呈苍白色或褪绿水渍状小斑点，扩大后为圆形或近圆形灰褐色斑。湿度大时，病斑上常有赭红色黏质物。叶柄染病，形成长圆形或纺锤形至棱形凹陷褐色至黑色斑。

2. 防治方法

用 50% 施保功 1 500 倍液、50% 叶斑净 1 000 倍液喷洒，每 5~7 天 1 次。

（四）黄曲条跳甲

1. 为害特点

幼虫生活于土壤中，为害根系，成虫为害茎叶，对幼苗为害较大。

2. 防治方法

（1）清洁田园，除去前作老叶枯茎，翻耕整畦时撒石灰消灭幼虫。

黄曲条跳甲

（2）药剂防治可采用土壤撒施药剂，每亩用辛硫磷颗粒剂 2~3 千克。也可用 2.5% 鱼藤酮 500 倍液、20% 啶虫脒 500 倍液（生长后期不要使用）、80% 敌敌畏 1 000 倍液、50% 辛硫磷 1 000 倍液或 10% 氯氰菊酯 1 000 倍液喷雾，还可用 18% 杀虫双 1 000 倍液淋施。

（五）小菜蛾和菜粉蝶

1. 为害特点

小菜蛾幼虫体长 10~12 毫米；成虫体长 6~7 毫米，翅展 12~15 毫米。每年发生有两个高峰期，分别为 4—5 月和 8—11 月。菜粉蝶又名菜青虫、菜白蝶、白粉蝶，5 龄幼虫长 28~35 厘米，青绿色；成虫

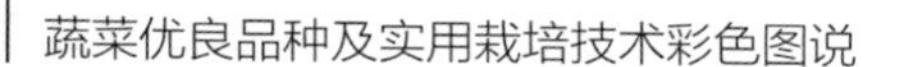

体长12~20厘米，翅展45~55厘米。发生快，来势猛，食量大。温度20~25℃、相对湿度76%时多发生。

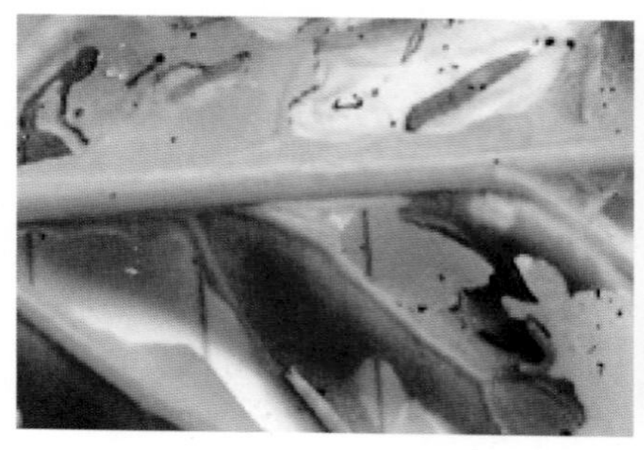
小菜蛾

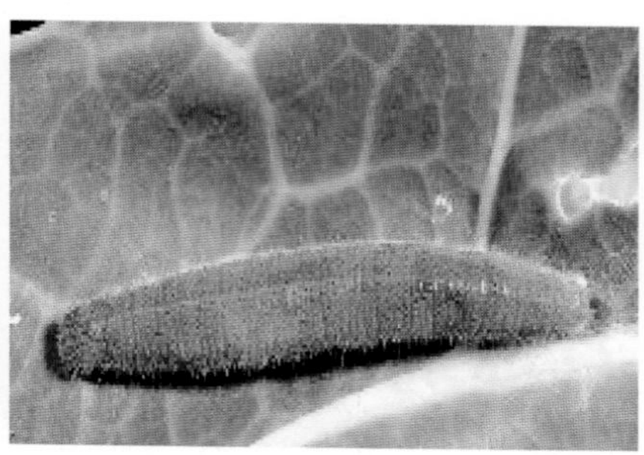
菜青虫

2. 防治方法

小菜蛾和菜粉蝶防治要掌握施药时期和方法，注意药剂轮换使用，选择在幼虫低龄期进行。可选用高效Bt可湿性粉剂500倍液、1.8%爱福丁1 000倍液、2.5%菜喜2 500倍液或15%杜邦安打3 500~4 000倍液等喷施，要重点喷施心叶和叶背。

（六）斜纹夜蛾、甜菜夜蛾

可用10%除尽1 000倍液、5%抑太保2 500倍液或1.8%爱比菌素2 000倍液等喷杀。除了使用药剂防治外，在大田种植地安排上，必须与椰菜等作物种植地分开。

斜纹夜蛾

甜菜夜蛾

第二节　芥　　蓝

一、优良品种介绍

芥蓝在广东地区以秋冬季栽培为主。早秋栽培宜选用夏翠芥蓝、绿宝芥蓝等中早熟杂交芥蓝品种或常规品种中花芥蓝，这类品种生育期相对较短，耐热性好，以单薹采收为主。秋冬季栽培宜选用秋盛芥蓝、秋绿芥蓝、冬绿芥蓝、迟花芥蓝或粗薹芥蓝等，这类品种生育期较长，低温下生长良好，品质好，采收单薹后可以适时采收侧薹。

（一）夏翠芥蓝

夏翠芥蓝

广东省农业科学院蔬菜研究所选育品种，2010 年通过广东省农作物品种审定。早熟，播种至初收 45~51 天，生长势强，株型直立，株高 36 厘米，开展度 34 厘米。叶片椭圆形，叶面皱缩，蜡粉少，叶长 18.5 厘米，叶宽 18.1 厘米，叶柄长 6.5 厘米。菜薹圆、头尾均匀，节间长 2.3 厘米，薹长 17~20 厘米，薹粗 2~2.5 厘米，薹重 110~150 克。该品种丰产，品质优，商品性好，田间表现耐涝性和抗病性较强，适应性较广。广州地区适播期 8 月至 10 月下旬。已在广东广州、惠州、韶关芥蓝种植区和外省部分地区种植叶菜的菜场大面积应用推广，取代了部分进口品种。

（二）秋盛芥蓝

2010 年通过广东省农作物品种审定。生长强壮，株型半展开，生长整齐，叶片椭圆形，叶厚深绿色，蜡粉少。抗病性强，适应性广。茎圆、粗壮、均匀，节间中等，纤维少，品质优，可食部位鲜嫩、爽甜而美味可口，是出口菜场和内销市场的最佳优良品种。株高32~34厘米，茎长28厘米，茎粗2.2~2.8厘米，薹重120~180。播种至初收52~60天，亩产量1 250~1 800千克。如在秋季主薹采收后，继续加强肥水管理，采收侧薹，产量可达更高。已在广东广州、惠州、韶关芥蓝种植区和外省部分地区种植叶菜的菜场大面积应用推广，取代了部分进口品种。

秋盛芥蓝

（三）秋绿芥蓝

秋绿芥蓝

中早熟一代杂种。生长势强，株高28.0厘米，开展度为29.5厘米。叶片近圆形，叶厚深绿色，叶面皱缩，叶长20.1厘米，叶宽16.0厘米，叶柄长5.4厘米，菜薹长18.6厘米，薹茎粗2.19厘米，薹重109.7克，比绿宝芥蓝增产21.8%，感观品质优。广州地区适播期为8月至11月上旬，其他地区可参考广州气候调整播种期。

冬绿芥蓝

（四）冬绿芥蓝

中熟一代杂种。株型直立、紧凑，生长势强，生长整齐。叶片近圆形，肥厚微皱，浅绿色，蜡粉少，抗病性强，茎圆、粗壮、均匀，节间中长，纤维少，品质优，可食部位鲜嫩，爽甜可口。株高 31 厘米，薹高 17 厘米，茎粗 2 厘米，薹重 115 克。播种至初收 58~60 天。如在秋季主薹采收后，继续加强肥水管理，采收侧薹，产量可达更高。

（五）绿宝芥蓝

广东省良种引进公司从日本引进的品种。植株健壮，株型美观。叶片椭圆形，浅绿色，叶柄短，叶微皱。生长整齐，商品性好。播种后 45~50 天可收获。在采收主薹后，如加强肥水管理，可继续采收 2 个侧薹以上，产量可明显增加。纤维少，品质优，适应性广。比对照种中花芥蓝增产 25% 以上，早熟 2~3 天，耐热性较强，抗病毒病、炭疽病和霜霉病。

（六）顺宝芥蓝

植株健壮，早中熟，株型美观。叶椭圆形，绿色，叶嫩皱。生长整齐，商品性好，播种后 50~55 天可收获。在采收主薹后，加强肥水管理，可继续采收侧薹。纤维少，品质优。比对照种中花芥蓝增产 31.4%，迟熟 5~6 天，抗性强，商品性好。适宜在广东平原地区 8 月初至 10 月上旬播种，广东山区 6—10 月播种。

顺宝芥蓝

（七）金绿芥蓝

早中熟，播种至初收 62 天，主薹延续采收 10 天。生势强，株型健壮，直立较紧凑。叶片卵圆形，深绿色，叶柄较短，薹叶较小，薹色绿，菜薹紧实匀条，抽薹整齐，花球大，齐口花，质爽脆味甜，纤维少，商品综合性状好，品质优。产量高，亩产 1 065 千克。株高

30.7 厘米，株幅 36.2 厘米，叶长 23.7 厘米，叶宽 17.5 厘米，叶柄长 6.7 厘米，主薹高 20.1 厘米，主薹粗 2.33 厘米，主薹重 131 克。田间表现耐热、耐涝、耐寒，抗逆性强，耐病毒病、黑腐病、软腐病、霜霉病，抗病性强。纯度高，为 97.8%，达到国标和广州地标的一级杂交种种子纯度质量标准。

二、对环境条件的要求

（一）温度

芥蓝的生长发育温度范围比较广，以 15~25℃最适宜。种子发芽适于 25~30℃，幼苗则对温度的适应范围较大。生长前期要求温度较高，以促进植株营养生长；进入抽薹要求温度较低，菜薹形成质量好。

（二）光照

芥蓝属长日照植物，整个生长期都必须有充足的光照，但光照强度要求比菜心低。

（三）水分

芥蓝的根系浅，不发达，对水分的吸收能力较差，整个生长过程中都要有充足的水分条件。喜湿润，生长发育要求 80%~90% 的土壤湿度。土壤水分含量太高，容易引起植株生长瘦弱，品质差，产量低。田间湿度过大，易诱发病害。 肥水与菜薹形成关系密切，尤其是植株现蕾前后需肥水充足，以利于菜薹形成；主薹形成后，应及时供应肥水，促进侧薹形成，延长收获期，提高产量。

（四）土壤与养分

芥蓝耐肥，但以富含有机质的沙壤土最为适宜。对氮、钾肥需要量较多，对主要元素肥料的吸收比例是钾最多，氮次之，磷最少。苗期不能忍受土壤中过高的肥料浓度，肥料供应应逐步提高浓度。

三、实用栽培技术

（一）地块选择

芥蓝是一种好气性较强的蔬菜，所以栽培芥蓝应选择排灌方便、土层深厚、富含有机质的中性或微酸性沙壤土或壤土地块。

（二）培育壮苗

有条件的可用泥炭土或椰糠等基质作无土育苗。宜采用 72 孔穴盘育苗。没有无土育苗条件的可以自配营养土，用 6 份无菌肥土加 4 份充分腐熟的农家肥拌在一起，每立方米加三元复合肥 2 千克，充分拌匀摊平在育苗畦中或装育苗盘。

（1）育苗畦或育苗盘浇足底水。育苗盘内采用点播，每穴 1~2 粒；育苗畦中采用撒播，每平方米育苗床用种 10 克。每亩生产田需育苗床 20 米 ^{2}，播后上面覆盖干燥细土 0.3~0.5 厘米厚。

（2）播种后用黑纱网覆盖，起到遮阴保湿的作用。子叶出土后及时揭掉黑纱网，但一般不能浇水，此时要适当降低育苗土的湿度，防止小苗徒长成高脚苗。

（3）及时间苗，穴盘育苗保证一穴一株，育苗床育苗保持苗间距为 3 厘米，多余的用指甲掐掉生长点。

（4）保持地表面湿润，注意预防苗期猝倒病及跳甲、小菜蛾为害生长点。

（三）定植

（1）芥蓝一般苗龄 22~25 天可定植。

（2）整地作畦，每亩定植田施充分腐熟的猪粪或鸡粪 2 500~3 000 千克、过磷酸钙 50 千克、硫酸钾复合肥 25 千克，深犁耙平，做成包沟宽 1.5~2 米的深沟高畦。

（3）中早熟品种的株行距为 20 厘米 ×25 厘米，中晚熟品种的株行距为 25 厘米 ×30 厘米。定植后浇透定植水，初秋时宜盖黑纱网，有利于缓苗；越冬栽培时宜选择晴天定植，温度高可以促进缓苗。

（四）田间管理

1. 浇水

芥蓝喜欢湿润的土壤条件，但不耐涝，定植时必须浇透定根水，促生新根使幼苗迅速恢复生长，平常田间土壤相对湿度应经常保持在饱和持水量的80%~90%。如叶色鲜绿、油润、蜡质较少，是水分充足生长良好的标志，若叶小、颜色暗淡、蜡粉多，则是缺水的表现，要及时浇水。

2. 追肥

前期以速效氮肥为主，采用随水淋施或根部穴施的方法，注意少量多次；采收前15天以磷钾肥为主，辅以叶面追施有机生态肥料。当然，每次追肥后都要及时浇水。

3. 中耕及培土

芥蓝的栽培最忌土壤的板结，保持根部的通透性非常重要，因此应及时中耕。为了保证中耕时不伤及根系，在中耕时可适当向根部培土。

（五）采收

芥蓝的菜薹包括薹叶和菜薹，在菜薹的形成过程中，前期以薹叶生长为主，后期以薹生长为占优势。薹茎较粗大，节间较疏，薹叶少而细嫩，为优质菜薹。为保证质量，必须适时采收。采收的标准是齐口期，即芥蓝的花茎与基部叶片大致在同一高度。花球欲开而又未开的时候采收，质量最佳。

四、主要病虫害及防治

（一）霜霉病

1. 为害特点

主要为害叶片，也为害留种株种荚。被害叶片背面初现地图状不规则形斑，灰绿色，边缘色稍深，中部色淡而稍下陷，以后病斑扩展和连合成不定形斑块，叶背面的病症稀疏白霉。种荚受害，荚果病斑呈紫黑色，不定形，潮湿时斑面亦有稀疏白霉病症，严重受害时种荚籽粒半实或不实，荚果变小而歪扭。

2. 防治方法

防治方法参考菜心。

芥蓝霜霉病症状

（二）软腐病

1. 为害特点

细菌性病害。多从伤口入侵，初呈透明水渍状，2~3 天后变成灰色或褐色，表皮稍下陷，上面有白色细菌黏液，腐烂后放出特殊臭味，高温高湿收获菜薹时易发生为害。

芥蓝软腐病症状

2. 防治方法

用 72% 农用链霉素 4 000 倍液、77% 氢氧化铜 600 倍液、2% 春雷霉素 400~500 倍液或 30% 氧氯化铜 600 倍液喷雾。避免虫伤，淋水不可过湿。

（三）其他病虫害

防治方法参考菜心。

第三节　小　白　菜

一、优良品种介绍

（一）矮脚黑叶

由佛山引入。植株较矮，直立，束腰，叶柄白色，叶色浓绿，葵扇形，纤维少，品质优良，抗逆性中等，适于秋冬季栽培，夏植宜采用遮阳网覆盖栽培。

（二）白玫瑰白菜

广东省良种引进服务公司从日本引进的一代杂种。生长势强，抗逆性强，耐涝、耐热和耐寒。商品率高，纤维少，适采期单株在350克左右，大株可达500克以上，除鲜食外，还适合加工菜干。

白玫瑰白菜

（三）龙湖141奶白菜

广东省良种引进服务公司从日本引进的一代杂种奶白菜矮脚品种。植株整齐美观，生长整齐度高，商品性好，抗性强，株高约15厘米，开展度约25厘米。叶长10厘米左右，宽约5厘米，叶片浓绿有光泽，叶面皱，全

龙湖 141 奶白菜

缘。叶柄肥短、肉厚，长约 5 厘米，匙羹形，奶白色。单株重约 210 克。

（四）华冠青梗菜

华冠青梗菜

广东省良种引进服务公司由日本引进的青梗小白菜一代杂种。株高 20~22 厘米，开展度 23~24.5 厘米，叶长圆形，长 11.7 厘米，宽 8.7 厘米，叶面平滑，全缘。叶柄长 6 厘米，肥厚，匙羹形，青绿色，光泽度好，单株重 100 克。极早熟，播种至初收 33~36 天，耐热、冬性强。株型束腰，矮脚，品质优良。

（五）夏盛青梗菜

夏盛青梗菜

广东省农业科学院蔬菜研究所育成品种。早熟，播种至初收 35 天，生长势强，株型直立，株高 25 厘米，开展度 30 厘米。叶片椭圆形，叶长 12.5 厘米，宽 9.0 厘米，叶柄长 6.0 厘米；叶面较平滑，全缘。单株重 100~130 克。该品种丰产，品质优，商品性好。田间表现耐热和抗病性较强。适于广州地区夏、秋季栽培。

（六）秋雪奶白菜

广州地区播种至初收 40~45 天。生长势较强，株高 16 厘米，开展度 26 厘米，叶片椭圆形，叶色绿色，叶柄白色，单株重 250 克，茎基部宽，束腰性好，品质佳，抗病性强。广州地区适播期为9月中旬至11月，其他地区可参考广州气候调整播种期。宜选择土质肥沃、保水力强、前茬不是十字花科作物的壤土栽植。直播或育苗移栽，播种至采收40~45天。

秋雪奶白菜

二、对环境条件的要求

（一）温度

小白菜性喜冷凉，大多数品种生长最适平均气温为15~20℃，耐寒能力较强，25℃以上高温以及干燥条件下生长衰弱，品质下降，易感病毒病。幼苗期需较温暖的气候，到生长盛期宜较冷凉的气候。有少数品种耐热性较强，即使在25~30℃甚至更高温度条件下也能较正常生长，可作夏季栽培。

（二）光照

小白菜是长日照植物，要求光照充足。

（三）水分

小白菜根系分布浅，吸收能力弱，加上叶片多，水分蒸发量大，所以，小白菜在整个生长期对土壤湿度和空气相对湿度都有较高的要求。但土壤水分过多，引起田间积水，会发生沤根而使植株萎蔫死亡。

（四）土壤与养分

小白菜对土壤的适应性较强，对土壤的要求不严格，但以富含有机质、保水保肥力强的壤土及沙壤土为宜。对土壤酸碱度要求不高，在微酸性至中性土壤中都能良好生长。小白菜生长期短，对氮肥需要量大，尤其在生长盛期，氮肥对小白菜的产量和品质影响最大。如果缺氮，则叶片色淡甚至变黄，叶小且易老化。所以，在小白菜栽培上需要充足的氮肥供应，其中硝态氮较氨态氮、酰胺态氮又较硝态氮对生育、产量和品质具有更好的影响。

三、实用栽培技术

（一）土壤选择

小白菜对土壤选择比菜心严格，要求前作不是十字花科蔬菜，以种过瓜类的较好。以地势较高、排灌方便、含有机质多、团粒结构好的肥沃壤土或沙壤土为宜。

（二）品种选择

小白菜在不同季节播种，需采用不同品种。如在冬季、早春气温较低时播种，应选用耐寒、抽薹迟的品种，夏播则要选择耐热、耐风雨的品种，以获得较高产量。

（三）播种育苗

小白菜可用直播栽培和育苗移植两种方法。

1. 直播

夏季气温高，小白菜生长快，同时夏季种植密度大，一般采用直播方法。每亩用种量为 250 克左右。播种要疏密适当，使苗生长均匀；避免播种过密，浪费种子，增加间苗工作量，而且幼苗纤弱，不利生长。播种可采用撒播或开沟条播、点播。

2. 育苗移植

育苗时由于苗地面积小，便于精细管理，有利于培育壮苗。育苗移植可节省种子，每亩用种量只需 100 克，且单株产量高，质量好。一般在地少而劳力又相对集中的地方或秋冬适合小白菜良好生长的季节，多采用育苗移植。一般苗期为 25 天。定植的株行距采用 16 厘米 ×16 厘米至 22 厘米 ×22 厘米。气温较高，可适当密植；气候较凉，可采用较宽的株行距。

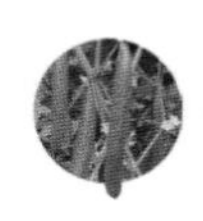

（四）田间管理

1. 水分管理

小白菜根系分布浅，耗水量多，因此不耐旱，整个生长期要求有充足的水分。在幼苗期或刚定植后，如阳光猛烈，必须保持每天淋水3次，即早晚淋水和11：00~12：00淋过午水，以保证植株正常生长。在雨季，则要注意排水，切忌畦面积水，以防病害发生。

2. 施肥

小白菜生长期短，在种植前必须施足基肥，每亩施腐熟农家肥1 000~1 500千克。追肥一般在定植后3天或直播地苗龄15天后开始，每6~7天追1次，全期追3~4次，第一、二次可用较稀薄的肥水，以后每亩用15~20千克复合肥淋施或撒施，最后一次要在植株封行前进行。

（五）采收

小白菜从播种至采收为45~60天。有些地方以收获小菜苗上市为主，虽然产量低，但是生长时间短，价格高。采收时间可根据成熟度和市场需求而定，适时采收可提高产量和品质。

四、主要病虫害及防治

（一）病毒病

病毒病是小白菜的重要病害，以秋冬季发生为主，严重影响产量和食用品质。

小白菜病毒病症状

1. 为害特点

全株发病，心叶症状明显，可表现为明脉、花叶、皱缩等症状。早发病的全株明显矮缩，叶片严重皱缩不展，生长缓慢，青叶产量常不及健株的1/3~1/2，产量锐减。

2. 防治方法

结合控制蚜虫、白粉虱、蓟马的为害，防止传播病毒病。在发病初期用8%宁南霉素750倍液、20%盐酸吗啉胍·铜500倍液或5%菌毒清160~250倍液喷雾。

（二）蚜虫

1. 为害特点

在秋冬干旱时为害严重，留种田最多，为害菜薹和花，还可传染病毒病。

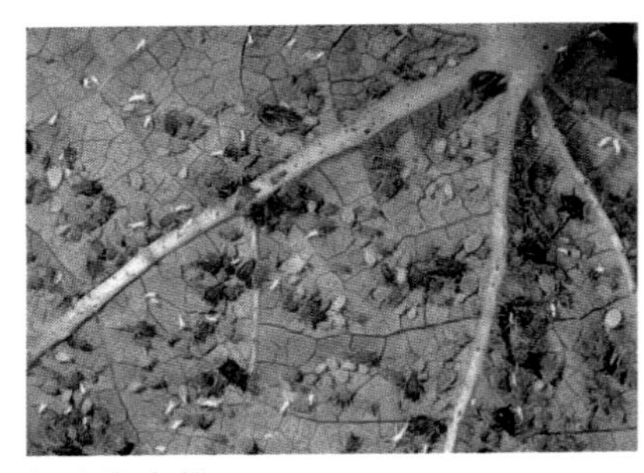
蚜虫为害状

2. 防治方法

药剂防治可选用10%吡虫啉3 000~5 000倍液、3%啶虫脒1 000~1 500倍液、50%抗蚜威2 000~3 000倍液、2.5%三氟氯氰菊酯2 500~4 000倍液、康福多6 000倍液、10%高效大功臣1 500倍液、克蚜星800倍液或0.3%苦参碱500倍液喷雾。蚜虫天敌比较多，应选择毒性低、对天敌影响较小的药剂。

（三）其他病虫害

防治方法参照菜心。

第四节　叶用芥菜

一、优良品种介绍

（一）南风芥

农家品种。叶长卵形，浅绿色，叶缘浅锯齿状，叶柄扁窄，淡绿色，单株重约 100 克。早熟，播种至初收 35 天。耐热，耐风雨。纤维少，微苦，品质好。播种期 4—9 月，直播栽培。

（二）凤尾春

潮汕农家品种。株型较高。叶椭圆形，叶面稍皱，全缘，浅绿色。叶柄细窄而长。纤维少，微甜，品质佳。全年可种植。亩产约 1 500 千克。

南风芥

凤尾春

（三）竹芥

农家品种。叶长卵形，向内凹，绿色，叶脉明显，叶缘微波状，叶柄短，中肋横切面呈半圆形。单株重约 200 克。无苦味，品质好。全年可种植，播种至初收 40~50 天。直播或移植。

（四）大坪埔 11 号

潮汕农家品种。叶阔圆形，绿色，叶面皱缩，中肋厚且宽大，绿白色。叶球近圆形，结球紧实，单个叶球重 1 000~2 000 克。早熟，耐热，定植至采收 45~50 天。质嫩，纤维少，适合加工腌制咸酸菜。播种期 8—10 月。

（五）赤叶苛房大芥菜

潮汕农家品种。株型较大。叶近圆形，黄绿色，叶缘浅缺刻。叶球圆形，高约 25 厘米，横径 21 厘米。品质优良，适合加工用。晚熟，耐寒。播种期 10 月。亩产 4 000~5 000 千克。

（六）水东芥菜

早中熟。生长强壮，株型矮壮，株高 28~33 厘米，茎多叶少，呈半包心形，基叶叶柄短，叶柄较宽浅绿色，包心内叶向内抱，叶柄弧形，晶莹透明，汁多，爽脆，鲜甜可口，质嫩无渣，纤维少，是内销市场和出口市场的优良品种。一般采收单株重为 100~150 克。合理密植，播种至初收春季 35~40 天，秋季 40~45 天。亩产 1 250~1 800 千克。

竹芥

大坪埔 11 号

水东芥菜

二、对环境条件的要求

（一）温度

叶用芥菜一般要求冷凉温和气候，不同品种耐寒性和耐高温的能力差异较大。叶用芥菜中以幼小植株供食的，如南风芥，耐热性强，而包心的芥菜则不耐热，要求冷凉气候。

（二）光照

芥菜全生长发育过程均需要良好的光照。

（三）水分

芥菜喜湿润的土壤环境，不耐干旱，生长期要求充足的水分。

（四）土壤与养分

芥蓝对土壤的适应性较广，以土层深厚、富含有机质沙壤土为宜。以氮肥为主。

三、实用栽培技术

（一）土壤选择

芥菜对土壤适应性广，以微酸性沙壤土较好。

（二）播种期

叶用芥菜中以幼小植株供食的，耐热性强，生长期短，适于4—9月播种，采用直播方法；不耐热迟熟的种类，如包心芥，一般在秋季种植，采用育苗移植方法，8—10月播种较适宜。

（三）播种育苗

苗床要细整平整，并施足腐熟农家肥。直播亩用种量300克；移植育苗，每亩需用种量25~30克，苗期25~30天。育苗期间，要防止蚜虫为害。

（四）定植

叶用芥菜对土壤适应范围较广。为了夺得高产，要选择前作为水稻的沙壤土，并施足基肥，一般叶用芥菜可采用密植方法，株行距15

厘米 ×15 厘米，包心芥菜可采用打穴定植办法，二行植，株距 40~50 厘米，较迟熟的品种要适当疏种。芥菜发根慢，移植时要尽量多带土和避免伤根，并使根入土不弯曲，以提高成活率。

（五）田间管理

叶用芥菜是以叶供食的蔬菜，追肥要以氮肥为主。耐热、早熟品种如南风芥，要用速效氮肥，以保证植株快速生长，可用尿素每亩 20~25 千克，分 3~4 次使用。包心芥除氮肥外，还要施用适量的磷、钾肥，在前期每亩用尿素 10 千克、复合肥 20 千克分次追肥，以促使叶球充分长大、结实。包心期要注意水分供应均匀，避免土壤太湿引起病害。植株封行前施重肥，封行后不要施肥，并尽量避免水分淋到叶球上。生长后期可采用沟灌方式，干旱天气每 2~3 天沟灌 1 次，保持湿润状态。对于以收获叶球作为加工的包心芥，采收前 20 天控制水分供给，以提高加工产品的质量。

（六）采收

叶用芥菜的耐热、早熟种可分多次采收上市，采收没有一定的标准。一般播种至采收为 30~60 天。包心芥菜则可根据成熟度和天气状况确定，一般早熟种播种至采收为 65~85 天，迟熟种为 100~120 天。在叶球已充分长大、未出现爆裂时，选择晴天采收。采收时将包心芥菜植株基部砍下，并使其就地倒放在田间 1~2 小时，再集中放入加工场。

四、主要病虫害及防治

（一）根肿病

1. 为害特点

主要发生于芥菜的根部，使根部形成肿瘤状，主根的瘤体大，侧根的瘤体较小呈天门冬根状，病根

芥菜根肿病症状

后期受腐生菌侵入而致腐烂恶臭。受害植株根部吸收水分、养分受阻，地上部分生长缓慢、植株矮小。发病初期白天表现萎蔫，早晚恢复，以后叶片逐渐变黄，直至枯死。

2. 防治方法

（1）选择前作为水稻或非十字花科蔬菜的田块种植。

（2）用50%多菌灵600倍液浇灌或用68%金雷多米尔400~500倍液于苗床灌根。

（二）其他病虫害

防治方法参照菜心。

附录一　蔬菜集约化育苗技术

蔬菜集约化育苗也称为蔬菜工厂化育苗，是指在人工创造的良好环境条件下，采用标准化、机械化、自动化等先进设施、设备和管理措施，将蔬菜的种子萌发至幼苗生长阶段放置在人工控制的优良环境下，快速、批量、高质量培育蔬菜优质壮苗的一种先进生产技术。本节重点介绍集约化育苗生产中的蔬菜穴盘育苗技术，该技术具有成本低，效率高，质量好，便于规范管理和长途运输等优点。

一、育苗设施

（一）催芽室

种子萌芽必须有适宜的温度、充足的水分和氧气条件，个别蔬菜种子发芽还需要一定的光照。催芽室要求填充隔热材料，具有保温、加温、降温、加湿和通风透气等调节功能，室内可置多层育苗盘架等。

（二）育苗盘

育苗盘通常采用聚乙烯（PE）、聚苯乙烯（PS）或发泡聚苯乙烯等材料按照一定规格制成，联体多孔、底部有排水孔的泡沫穴盘或塑料穴盘，孔穴形状为圆锥体或方锥体。

泡沫穴盘有保水保温性能好、可以循环使用、运输轻便等优点，但价格相对较高，可选用的规格较少，常见的有50厘米×35厘米×6厘米（共70个穴）和70厘米×21厘米×6厘米（共56个穴）两种。

塑料穴盘的规格种类很多，常见的规格大小约为56厘米×28厘米，每个穴盘有32、40、56、72、105、128、200、288孔等，以聚苯乙烯或聚氯乙烯（PVC）为材料，其价格低廉，在生产上广泛应用。

（三）温室大棚、育苗床架及喷水设备

集约化育苗的塑料薄膜大棚

生产上宜建造塑料薄膜大棚或连栋温室作集约化育苗基地。棚的四周和气窗要用孔径 40 目以上的防虫网与外界隔离。温室大棚内设育苗床架托起育苗盘，架高通常 80~100 厘米，架宽 100~120 厘米。育苗床架之间安装行走式或固定式自动喷水设备，也可利用软管等浇水，均需要安装细孔喷头，保证喷水均匀。

棚室要有较好的环境调控措施。夏、秋季要有较好的通风降温性能，宜安装可活动的外遮阳网；有条件的可安装上水帘风机和环流风机等，保证棚室内的通风散热。冬春季节应有良好的保温或加温性能，棚膜要有良好的透光性。

集约化育苗的连栋温室

育苗固定式自动喷水设备

二、育苗基质

（一）基质要求

育苗穴盘通常较小，根系的生长与传统苗床差异大，用一般的土壤不能适应培育壮苗的要求，必须调配出优质高效的轻型基质，要求其疏松、肥沃、细碎、孔隙度大、有机质含量 30% 以上，pH 为

6.0~7.5，电导率低于 3×10^{-4} 西门子 / 厘米，颗粒长度小于 2 厘米、横径小于 0.3 厘米，具有保肥力强、保水性好、透气性佳的特性，能满足根系对养分、水分和氧气等的需求。

（二）基质材料

基质材料必须无污染、无病菌、无虫害、无成活草种，来源广泛，宜就地取材，降低成本。主要采用轻型基质，如草炭、蛭石、椰糠、珍珠岩、细沙、炉灰渣等，或者是秸秆、稻壳、菌渣、椰糠、沼渣等有机废弃材料，有机基质材料必须经高温发酵无害化处理，充分腐熟。

（三）基质配制

轻型基质一般用 3~4 种基质材料复配而成，通过合理调配，生产出理化性质优良、育苗效果好、经济价值高的育苗基质。通常以蛭石、珍珠岩、优质草炭、充分腐熟菌渣和厩肥等有机物等按一定比例混合而成。夏、秋季育苗多加蛭石，保持水分，冬季育苗多加珍珠岩，保证基质疏水性。配制时要将基质材料过筛，再按比例混合均匀。基质在使用前最好用 50% 多菌灵 600~1 000 倍液或 75% 百菌清 1 000~1 500 倍液清除病源，用 40% 辛硫磷 1 000 倍液预防虫害。

三、育苗技术

（一）环境清洁和设施消毒

育苗前必须清除育苗温室内外杂草，对育苗棚及周围环境进行全面、彻底的消毒。育苗棚室可每平方米用 10 毫升 40% 甲醛加 5 克高锰酸钾混合后产生的气体密闭熏蒸 1~2 天，或每亩温室用硫黄粉 3~5 千克加 50% 敌敌畏乳油 0.5 千克密闭熏蒸 24 小时，还可以使用消毒烟剂进行熏蒸。地表土壤还可施石灰等进行消毒。

重复使用的穴盘及工具要清洗和消毒，可采用 2% 的漂白粉或高锰酸钾溶液等充分浸泡 30 分钟，然后用清水漂洗干净。

（二）品种选择与种子精选

注意根据当地的气候环境特点选择适宜栽培条件和栽培季节的优良品种。穴盘育苗种子质量的要求较高，育苗前要进行发芽率测试，保证种子质量。若种子发芽率低，造成大量缺株，增加育苗成本，降低育苗效率，还花费昂贵的人工补种。若种子发芽不整齐，增加育苗水、肥管理的难度，降低苗的整齐度和质量，还降低苗的商品价值。

种子质量达不到要求时可采取种子精选等措施提高发芽率。种子精选的方式可用专用机械进行，也可用风选、水选、盐水选、筛网选等方式，挑选出饱满健康的种子。比重大的种子适合用风选、水选、盐水选；风选可将不充实的种子及较轻的杂质吹走；水选或盐水选将较轻的不饱满的种子浮到水面上剔除；比重小、体积大的种子适合用筛网选，利用不同大小孔目的筛子筛选出颗粒较大且发育完全的种子。

种子在浸种催芽前晒种 3~6 小时，有利于种子发芽，提高活力。有些种子收获后有较长时间的休眠现象，可用 1% 的硝酸钾溶液打破种子休眠。

（三）浸种

包衣种子可直接播种。未处理的种子浸种前可进行温汤浸种，即用种子量 3~5 倍的 50~55℃温水浸泡种子 15~20 分钟，并不断搅拌种子至常温，然后浸种。浸种时间根据蔬菜品种特点而定，气温在 25~30℃时，白菜类、甘蓝类、叶菜类蔬菜种子约需 1 小时，茄果类需 3~6 小时，瓜类一般需 4~10 小时，冬瓜需 12 小时。浸种前后均要用清水清洗种子，除去秕子和杂质，洗去外面的杂质和黏液。

温汤浸种——从 55℃搅拌至室温

（四）催芽

种子发芽要有适宜的温度、充足的水分和良好的氧气条件。喜温性的茄果类、瓜类和豆类发芽适温范围是 25~30℃；较耐寒的白菜类、根菜类发芽适温范围是 15~25℃。种子吸胀才能恢复活力，但水分不能过多，保证幼胚能吸收到足够的氧气，在空气中含氧量在 10% 以上时能保证种子正常发芽。大多数蔬菜种子发芽与光照无关。有些种子要求一定的光照才能发芽，被称为需光种子，如迷你黄瓜、胡萝卜、芹菜、莴苣等种子；还有些蔬菜种子发芽时，光照对发芽有抑制作用，被称为嫌光种子，如瓜类、茄果类、葱蒜类种子等。

室内催芽时一般白天温度保持在 28~30℃，晚上保持 15~20℃。也可在恒温箱内进行催芽。还可以先播种，播种后在专用的催芽室内或育苗温室大棚内催芽。

室内催芽和恒温箱内催芽时用干净的湿纱布或湿毛巾包裹好保湿，每包种子通常不宜超过 2 升，以保证种子通风透气，再放在适宜条件下催芽。催芽过程宜经常翻动种子，每天用清水清洗种子 1 次，保证氧气供给和补充适当水分，同时除去表面黏液，防止种子霉烂，促进早发芽。一般白菜类、甘蓝类、叶菜类催芽后 1~2 天，茄果类和瓜类催芽后 2~3 天，种子长出胚根，即“露白”时，便可播种。

播种后在催芽室内或育苗温室大棚内催芽时，育苗盘可错开垂直放在隔板上，或整齐排放苗床上，苗盘上面覆盖地膜或无纺布等保湿，当种子出苗时及时揭去覆盖物。

（五）播种

1. 基质装盘

把基质进行预湿处理，使其含水量达 40%~50% 后装入育苗穴盘，均匀填装入每个育苗穴，轻轻压实，并使每个穴孔轮廓清晰可见。然后用育苗穴盘配套的

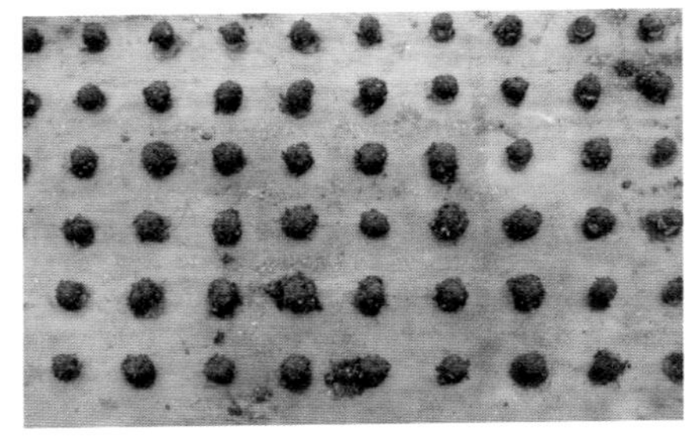

育苗盘专用压穴工具

专用压穴工具，在每个育苗穴上压出约0.5厘米的播种穴，准备播种。

育苗盘专用压穴工具的压穴效果

2. 播种方法

种子每孔1粒播于播种穴中央。播种后用基质完全覆盖种子，保持各穴孔清晰可见，避免串根，小粒种子（如芹菜）可不覆盖基质。

播种后将育苗盘排放在苗床架上，用双层遮阳网覆盖保湿，淋透水，并用多菌灵800倍液和辛硫磷1 000倍液的混合液淋施，预防病虫害发生，每天淋水保持基质湿润。冬季可盖一层白色地膜保湿保温。当60%左右种子出苗时要及时揭除覆盖物。种子发芽不整齐时，应将发芽一致的幼苗移在同一个育苗盘中。

（六）苗期管理

1. 子叶期

子叶期是种子发芽以后，胚根向下生长形成根系，胚轴、胚芽向上伸长和长出子叶，至第一片真叶开始生长的过程。子叶期的管理要点是控制温度、水分和空气湿度，适当增大日夜温差，给予充足的光照，使胚轴增粗、矮壮，防止胚轴伸长产生高脚苗，防止徒长。子叶是这时重要的光合作用器官，保护子叶对培育壮苗特别重要。

2. 成苗期

成苗期也称为真叶生长期，是第一片真叶开始吐心到达到商品苗标准的时期。必须控制好光照、温度、水分和营养等环境因子，满足幼苗生长条件，以培育出优质壮苗。

（1）温度。一般喜温蔬菜适宜温度是20~30℃，较耐寒蔬菜是15~25℃，保持日夜温差5~15℃有利于营养物质的积累。在夏、秋季，上午阳光直射时棚内的温度上升快，温度达32℃时应采取降温措施，如覆盖外遮阳网、开启水帘风机等。在冬春季遇寒潮时要做好保温防冻措施，及时覆盖棚膜，密封大棚，晚上加盖外遮阳网等减少热的散失，有条件时可用加温设备等提高温度。一般要求保持夜温 12℃以上，并有一定的日夜温差。还应注意低温对幼苗的春化作用，防止造成先期抽薹等现象的发生。

（2）水分。要保持育苗基质湿润，适当控制水分供给，基质相对含水量以 65%~85% 为宜，基质含水量过高会使根系活力下降，引起徒长，导致病害和烂根。夏季每天浇水 1~3 次，将淋水时间安排在 10:00~12:00，15:00 后幼苗不萎蔫则不宜浇水。注意水质除需要满足《GB 5084—92 灌溉水质标准》的一般要求外，其电导率要求（2.5~7）× 10^{-4} 西门子 / 厘米，pH 要求 6.0~7.0，硬度为含 $CaCO_3$ 小于 0.1 克 / 千克。

（3）空气及其湿度。夏、秋季阳光照射下气温上升，空气湿度迅速下降，叶片易失水萎蔫，应全面浇水提高环境湿度，可安装微喷设施等保湿降温，并保持空气流动。棚内风力小或无风时，要启动水帘风机或环流风机。由于边缘效应，外围幼苗蒸腾作用较大时，要注意补足水分。

在冬春季育苗棚密闭，加上地表水分大量蒸发，空气湿度常达到饱和状态，幼苗的蒸腾作用小，抑制生长发育，病害容易发生，太阳出来后应尽量使空气流动，开启环流风机等加强通风，温度较高时尽量开窗与外界进行气体交换。

（4）光照。要尽量保持良好的光照条件，选用透光性能好的覆盖材料，保持表面洁净。高温强光可覆盖外遮阳网，防止幼苗叶片灼伤、失水、焦枯，光照强度以 20 000 勒左右为宜。15:00 后要及时揭去遮阳网。冬春季自然光照不充足，要保证棚内透光，连续 2 天没有阳光直射、光照强度低于 8 000 勒时，可安装开启荧光灯、LED 灯等补光灯补充光照。

（5）养分。根据基质肥力状况进行苗期施肥管理，适时补充养分，提供苗期所需的营养。宜采用水肥一体化管理，勤施薄施水肥，施肥浓度一般为 0.03%~0.05%，随苗龄增长提高施肥浓度。氮肥比例不宜过高，适当提高钾的施肥比例。使用肥料要符合《NY/T 496　肥料合理使用准则通则》的规定。

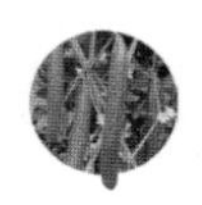

3. 炼苗期

炼苗期是幼苗基本达到成苗标准，准备进行移植或出售阶段，使幼苗适应外界环境条件管理时期。在幼苗出圃定植前7天左右，逐步打开育苗棚四周塑料薄膜和气窗通风，逐步使育苗环境与大田气候条件基本一致，使幼苗适应大田生长环境。要控水控肥，水分控制到以不发生萎蔫，不影响其正常生长发育即可。

（七）病虫害防治

1. 原则

采取“以防为主，综合防治”的方针，优先采用农业防治、物理防治、生物防治，合理采用化学防治。使用农药应符合《GB 4285　农药安全使用标准》和《GB/T 8321　农药合理使用准则》的要求。

2. 农业防治

要清洁育苗场所，合理布局，防止病虫害互相交叉感染，减少或杜绝病虫侵染源；采取平衡施肥、增施有机肥等，提高幼苗抗逆性。

3. 物理防治

所有通风口和门窗都用孔径40目以上的防虫网防虫。利用黄板诱杀蚜虫、蓟马等成虫，每亩挂30~40个。利用频振式杀虫灯诱杀害虫成虫等。

4. 生物防治

应用生物制剂井岗霉素、农抗120、农用链霉素、苏云金杆菌、核型多角体病毒等防治病虫害等。

5. 化学防治

病虫害发生后宜采取有效的化学防治方法，针对病虫害的特点对症下药，及时遏制和扑杀。应合理混用、轮换交替使用不同作用机制的药剂，克服病虫害的抗药性。

猝倒病、炭疽病可用阿米西达1 500倍液、64%恶霉灵3 000倍液、75%百菌清1 000倍液、70%甲基托布津1 000倍液或80%大生1 000倍液防治。

疫病可用64%杀毒矾600倍液、58%瑞毒霉锰锌500倍液防治。

蚜虫可用 10% 吡虫啉 2 000~3 000 倍液、2.5% 溴氰菊酯 2 000~3 000 倍液防治。

软腐病可用 70% 链霉素 600 倍液防治。

四、出圃

（一）出圃前管理

出圃前 1 天，宜施送嫁肥。移植前宜喷施广谱性杀菌剂和杀虫剂的混合溶液，以预防病虫害发生。如：用 75% 百菌清和 70% 甲基托布津 1 500 倍液混合液淋施防治病害；用 30% 度锐悬浮剂 1 500~2 000 倍液淋施，每平方米苗床淋施 2~4 升药液。移栽前浇透水，便于从穴盘内带土提苗。

（二）壮苗出圃

要保证出圃的每棵苗都是合格壮苗，淘汰弱苗、病苗、劣质苗。壮苗的标准是植株健壮完整，根系发达并将基质紧紧缠绕，形成完整根坨，子叶完整，茎秆粗壮，叶片肥厚，叶色亮绿，胚轴和节间较短，苗龄适中，发育良好；不徒长，不早衰，无黄叶，无病虫草害；移植后无缓苗期或很短缓苗期，生长旺盛，抗逆性强。

附录二　蔬菜水肥一体化高效栽培技术

一、什么是蔬菜水肥一体化技术

狭义地讲，蔬菜水肥一体化技术就是将蔬菜灌溉与配方施肥融为一体的技术，是把蔬菜生长需要的肥料溶解到水中，通过灌溉系统将水分和养分直接输送到根区供植株吸收利用，能省水、省肥、省劳力、减少病虫草害等，还能改善菜田环境，提升产品档次，减少成本投入，增加生产收益。

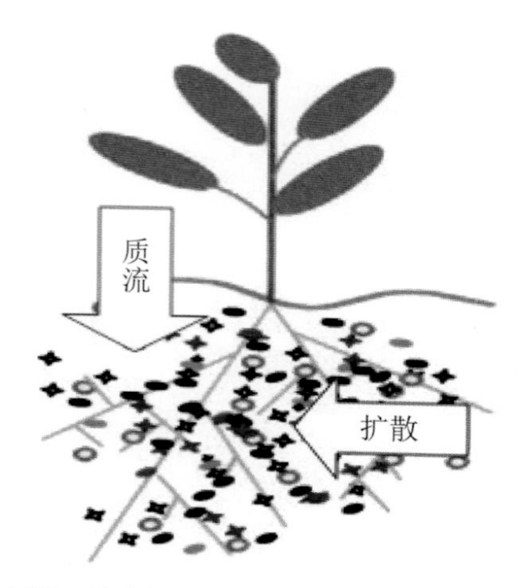

水肥一体化概念示意图

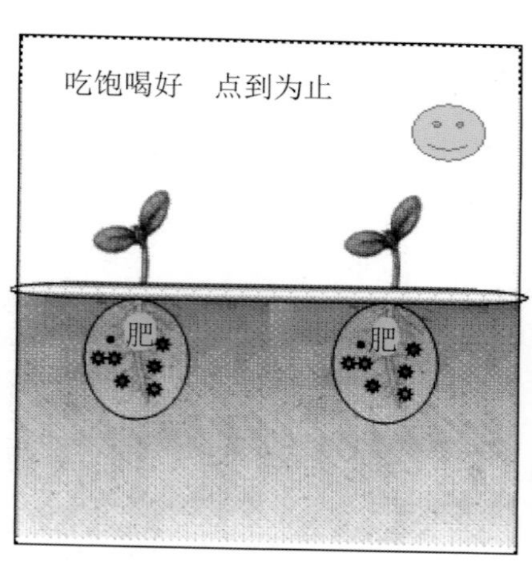

水肥一体化的植物营养学原理

二、为什么要实施水肥一体化

蔬菜吸收养分主要依靠根尖 1 厘米左右的根毛区养分最活跃的区域。养分输送主要通过质流和扩散的方式。质流是借助水分蒸腾作用，将土壤溶液中的养分随水大量流向根区，使养分离子迁移到根的表面被根吸收。扩散是指根系不断将根表的养分离子吸收后，根际附近的养分和其他土体之间形成浓度差，养分由高浓度区域向低浓度的根表移动的过程。质流和扩散两个过程都离不开水。

没有水做媒介，养分吸收过程就不能完成。所以，不溶解的肥料对蔬菜生长是无效的。水肥一体化就是要将肥料先溶解于水，再提供给蔬菜，保证根系吸收。水肥耦合对促进蔬菜生长发育，提高产品质量具有重要作用。

三、水肥一体化模式有哪些

水肥一体化有多种形式，农户可以根据自己农田的实际情况，选择不同类型、不同投资规模的水肥一体化设备。水肥一体化模式主要可归纳为3种。

（一）传统的水肥一体化模式

传统的水肥一体化模式

传统模式指淋施和沟施水肥。最原始的方法是淋施模式，即把肥料溶解在水桶之中，人工将混匀的水肥淋洒在作物上；沟施模式则是在菜田周围挖设水沟，在入水口混入肥料，使肥料随水一起渗到根系表面。传统的水肥一体化模式基本符合水肥一体化的要求，但是存在劳动强度大、水肥浪费严重及容易造成土壤板结等众多弊端。

（二）现代水肥一体化技术

现代水肥一体化技术通过滴灌或喷灌进行施肥，是很高效的水肥投入方式。滴灌施肥在甜瓜、黄瓜、辣椒、番茄、苦瓜、马铃薯等蔬菜上应用非常普遍，效果非常好，喷灌施肥在叶菜类应用效果较好。

现代水肥一体化采用标准化、机械化和自动化等先进设施、设备和管理技术，借助压力灌溉系统及施肥装置把肥料溶于灌溉水中，再一起均匀、准确地输送到蔬菜根部。该技术在以色列等国家应用非常广泛，成为蔬菜生产中一项不可或缺的技术，该技术对以色列提高蔬菜产量、品质及效益贡献很大。

目前较为高级的水肥一体化模式

1. 滴灌技术

滴灌技术能将水肥一滴一滴、均匀缓慢地滴到蔬菜根区附近，滴水流量小，水滴入土缓慢，除紧靠滴头下土壤的水分处于饱和状态，其他部分的土壤水分均处于非饱和状态。适用于条播和点播的蔬菜作物。对土壤和地形的适应性强。

2. 喷灌技术

利用灌溉设备将有水肥送到灌溉农田，并喷射到空中散成细小的水雾，像降小雨一样淋施水肥。对地形的适应性强，机械化程度高，灌溉施肥均匀，水肥利用率高，尤其是适合于通透性好的土壤，并可调节田间空气湿度和温度。

3. 膜下滴灌技术

随着人们对蔬菜水肥一体化技术的逐步熟悉，对节水节肥、降低成本及农艺技术相结合的意识增强，逐渐出现水肥一体化技术与多种农艺技术相结合复合集成的高效生产模式，如膜下滴灌、膜下喷灌等。

蔬菜水肥一体化技术有如下优点：①节水，与大水漫灌比，膜下滴灌可节水 70% 以上。②节肥，大幅提高肥料利用率，可节肥 50% 以上。③保护土壤，不会造成土壤板结和盐渍化。④减少作物病害，减少了田间操作，水分蒸发量小，空气湿度低，可明显减少蔬菜病害。⑤节省劳力，使用自动化滴灌系统，省工省力，降低人力成本投入。⑥增产，蔬菜长势好，一般可提高产量 30% 以上。

集成节水节肥的高效生产模式

四、现代蔬菜水肥一体化应用技术

（一）实施蔬菜水肥一体化的成本及其影响因素

1. 需要的成本

（1）设备成本。系统设备主要包括水泵、过滤器、施肥设备、管道、喷灌带、滴管带、滴头、喷头、控制器、阀门等。要根据具体情况进行设计和安装，规格多样，价格不同。控制系统也可以根据需要增加一些自动化装置。虽然一次性投入成本相对较大，但主要设备可长期使用，成本分摊不算很大。

（2）水电费。水源可以是河水、井水、水库水、池塘水、地表水

等。水质是否清洁会影响选择过滤器的价格，及是否要建污水净化池等投入，还要考虑建设蓄水池、管道需要投资。水源解决后要选用动力机和水泵投入，功率大的水泵要接380伏三相电源，也可选用柴油机或汽油机水泵。电费或燃油动力的成本投入很小。

2. 影响成本的因素

（1）土壤类型对成本的影响。土壤质地会影响系统建设成本。沙土就需要流量大一点的滴头，黏土则需要流量小的滴头。滴头流量大时输水管道也要粗，投资自然会略高。如果土地坡度大，除了需要有较大的动力加压外，可能还会要求有压力补偿滴灌管。

（2）种植方式对成本的影响。种植方式影响安装设备的种类和数量。叶菜种在田间用喷灌，种在温室就用微喷。套作蔬菜的种植行间距不同，那需要的管道类型就会不同。

（3）种植面积和肥料种类对成本的影响。面积大，需要铺设的管道就多；使用的肥料优劣不同，价位相差悬殊，引起成本差异。

要将各个因素综合考虑，合理设计布局，使投资降到最小。目前普通的菜田水肥一体化系统设施每亩只需投资几百元至一千多元，设备可连续使用几年。

（二）节本高效的蔬菜水肥一体化技术操作方法

1. 水源与菜田要求

菜田宜选择在地势开阔平坦、水源清洁、土壤深厚疏松的田块，若灌溉水受污染、杂质多时要建灌溉水净化池，在水中加入污水净化剂，将灌溉水的污染物分解、吸附或沉淀，以免堵塞灌溉设备。蓄水池中吸水位置应高于水池底部30厘米以上。

2. 需要的零件、设备及管材

给水用硬聚氯乙烯（PVC—U）管材管件、自动控制系统、泵和动力装置、过滤器、施肥器、滴灌带、喷灌带、滴头、喷头、阀门、水肥混合塑料大桶、有机肥料、无机肥料、清洁水池等。

3. 设施安装与使用

（1）给水管和输送管网。用硬聚氯乙烯（PVC—U）管材及管件连

水肥一体化技术示范基地

接，作为给水管。输送管网要根据田间分布情况及灌溉水流量布局好。一般采用三级管道，即干管、支管和滴灌带。主干管、支管常用硬聚氯乙烯管材及管件。滴灌带通常用高压聚乙烯材料。铺设管网后宜用地膜、秸秆等覆盖畦面保墒、防杂草。

通常在整地起畦后铺设滴灌带或喷灌带，可沿畦中间铺设 1 条滴灌带或沿畦两边的种植沟铺设 2 条滴灌带。一般工作水压为 50~150 千帕，滴灌孔流量为 1~3.0 升 / 小时。

（2）水泵和动力机。根据需水量选择水泵及配套动力机规格。每畦铺设 2 条滴灌带时，灌溉水流量每亩每小时为 5 吨左右。供水压力以 150~200 千帕为宜，一般还要在水泵后连接叠片式过滤器，用来清洁水质，避免水中杂质堵塞管道。常用 0.125 毫米以下的叠片过滤。工作时过滤器前后压力差应为 80 千帕以内。

（3）肥料母液贮存罐。选用适当大小的贮存罐贮存肥料母液。用

水肥混合装置、泵、母液罐等安装与使用示意图

80~100 目的滤网捆扎在肥料母液的出口上，防止肥料中不溶性的杂质进入灌溉系统。二种不同肥料混合后会形成沉淀时，可用两个贮存罐将肥料母液分开贮存。

（4）水肥混合装置。水肥混合装置有多种类型，使用较多的有自压式施肥装置、水力驱动施肥装置、泵吸式施肥装置等。可根据田间具体情况设计和安装水肥耦合装置并符合生产要求。

自压式施肥装置利用灌溉水源与灌溉农田之间的自然落差进行灌溉和施肥。由敞开式蓄肥池、阀门和三通等组成，将肥池放在高于灌溉水源的位置上，通过阀门和三通与主干管连接。使用时先打开灌溉水阀门，灌溉正常以后再打开蓄肥池阀门，使灌溉水和肥料母液分别在重力的作用下分别流入主干管混合，一起输送到农田。该装置不需要任何动力，可在灌溉水源与灌溉农田之间有较大落差时采用。

注射泵和文丘里施肥器是使用较普遍的水力驱动施肥装置。将肥料母液注入灌溉系统，通过调节水肥混合比例和灌溉施肥时间精确控制施肥量。该施肥装置是利用灌溉系统运行的水力将蓄肥池的肥料母液直接注入高压的输水管道中。其中：注射泵可精确设定肥料母液比例进行施肥，水肥混合的稀释倍数取决于泵的规格，可从几十倍至几千倍不等，还可自由调节稀释倍数，水肥混合比例稳定，不受流量和压力变化的影响，使用方便。文丘里施肥器可通过调节肥料母液管的孔径大小、增加阀门开关等方法控制水肥混合比例，但要求系统较高的压力，能耗较大。

泵吸式施肥装置是目前应用的主要水肥一体化施肥模式，是利用水泵动力将灌溉水和肥料母液一起从吸水管输送到灌溉系统。其主要由敞开式施肥池、阀门、三通和水泵组成，结构与自压式施肥装置相似，蓄肥池通过阀门和三通与给水管连接，肥料母液依靠重力和水泵吸力流入灌溉系统。使用时先让灌溉系统正常运行，然后打开施肥池控制阀门，使肥料母液在水泵吸力作用下进入吸水管与灌溉水混合，一起进入主干管。通过调节蓄肥池的阀门控制肥料母液流量和施肥时间，可精确控制施肥浓度和施肥量，并随时补充肥料母液，调节肥料母液浓度。注意在肥料母液用完之前要及时关闭阀门，防止空气进入吸水管，影响水泵正常运行。

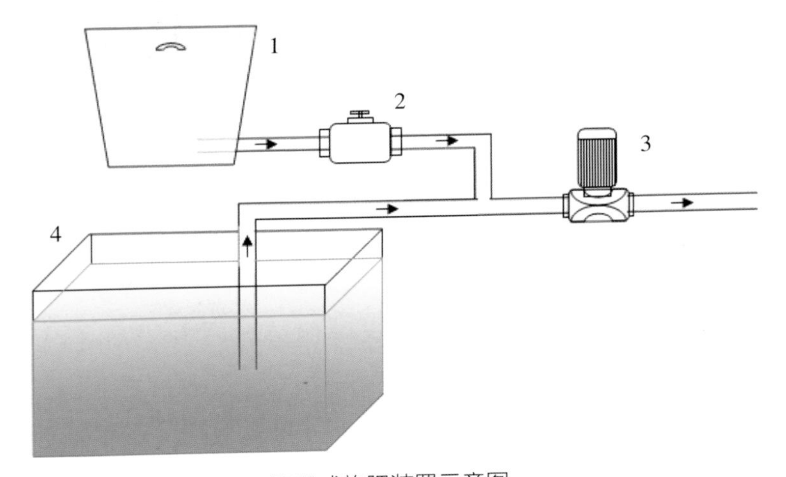

泵吸式施肥装置示意图

1. 蓄肥池；2. 施肥阀；3. 水泵；4. 水池

附录三　蔬菜病虫害综合防治技术

蔬菜生产上病虫害的防治应坚持“以农业防治为基础，优先采用生物防治，协调利用物理防治，科学合理应用化学防治”的综合防治方法，把蔬菜病虫的为害损失控制到最低，达到优质、高产、高效、无公害的目的。

一、农业防治

（一）选用抗（耐）病虫品种

选用抗病虫品种是防治病虫害最经济、有效的办法。好的品种，往往可以减少病虫的为害从而减少用药次数，降低生产成本，并使生产出来的蔬菜达到优质、无公害的要求，获得较好的经济效益和社会效益。另外，对于一些化学防治方法难以奏效的病害，如瓜类枯萎病、番茄青枯病等，往往抗病品种成为解决该问题最重要、最经济的方法。

优良的抗（耐）病虫品种主要由有关科研单位选育，目前我国多个科研单位已选育出一批适合生产需求、较具优势的蔬菜品种，例如，广东省农业科学院蔬菜研究所选育的黑优大杂交黑皮冬瓜、丰绿苦瓜、夏冠一号节瓜等华南特色瓜类新品种，对瓜类枯萎病具有较好的抗性。不同的品种对病虫害的抗性差异很大，表现还因地而异，因此应用时需对其抗性和丰产性能综合评价，根据不同的区域、气候、重点防治对象等，有针对性地引进良种。同时，掌握新品种的栽培特性，充分发挥其抗性和丰产的综合性能和特点。

（二）培育无病虫壮苗，防止苗期病虫害

某些病虫往往潜伏或混杂在种子、种苗或土壤中，在农作物发芽、

出苗、生长的过程中形成为害，如能将病菌、病毒或害虫消灭在下田前，可收到事半功倍的效果。为了防止某些病虫的传播，培育无病虫壮苗，采取的主要措施包括如下几方面：

1. 播种前对种子进行必要的杀虫杀菌等消毒处理

（1）温汤浸种。温汤浸种简单、经济，有消毒、增加种皮透性和加速种子吸胀的作用，是缩短种子萌发时间和防治病害的有效办法，适用于茄果类、瓜类、甘蓝类等种子。方法是：先将种子放入盆内，再缓缓倒入 50~55℃水（2 份开水对 1 份凉水），边倒边搅拌，使种子受热均匀，持续 15~20 分钟，可基本上消灭附在种子表面的病菌和种皮内的部分病菌。浸种时，必须正确掌握温度和时间，水温低于 46℃就失去杀菌作用，高于 60℃又会使种子烫伤，降低种子的发芽率。用 10% 的盐水浸豆科种子 10 分钟，可将种子里混入的菌核病菌、线虫卵漂除和杀灭，防止菌核病和线虫病发生。

（2）化学药剂拌种、浸种消毒。用 0.2%~0.3% 的高锰酸钾溶液浸种 15 分钟，捞出洗净，有钝化和杀灭病毒的效果，在反季节种植辣椒、茄子、番茄上使用，能明显抑制病毒病的发生，还能防治番茄早疫病、茄子褐纹病；叶菜类育苗常用多菌灵、福美双等药剂拌种，用药浓度为 0.2%~0.3%。拌种是指种子用一定浓度的药剂进行处理，并使种子形成一层药膜，拌种后往往可以直接播种。但药剂浸种后则需用清水冲洗，以免因药剂的处理造成种子发芽率等受影响。因各类种子对不同药剂的敏感程度及药剂对各类种子和病原物影响不同，必须选择合适的药剂进行处理。

2. 苗床消毒

多数病虫害可以在土壤中潜伏栖息，尤其是瓜类枯萎病菌、茄果类青枯病菌、地下害虫等可以在土壤中存活多年。为了培育壮苗，必须进行必要的苗床消毒。目前生产上使用效果较好的有恶霉灵、甲霜灵等土壤消毒剂，对苗期常见的立枯病、猝倒病等有很好的防治效果，另外还可以用福尔马林、石灰等。对于大多数地下害虫，如地老虎、斜纹夜蛾、跳甲类等幼虫，可以用辛硫磷、敌百虫等农药进行土壤杀虫处理，处理后当天或隔天播种，可以有效防治地下害虫和苗期害虫。

通过杀虫杀菌处理，可以全面清洁苗床，提高成活率。另外，苗床要做好深翻晒白工作，尽量采用营养杯或育苗盘进行育苗，施入苗床的有机肥要求腐熟。

（三）适时播种

合理安排播种期、改善田间小气候，创造一种既有利于蔬菜作物生长发育，又能有效抑制病虫害繁衍的环境。在不影响作物生长的前提下，调整播种期可以使作物的发病盛期与病虫侵染的高发期错开，提早收获或推迟收获，避开病虫发生高峰，从而起到防虫避病而减轻对作物为害的目的。如为控制病毒病的发生，秋延茄果类蔬菜尽量在7 月 15 日之后育苗，又如白菜薹软腐病的为害程度与播种期有显著关系，适当迟播可减轻为害程度。

（四）大田管理措施

科学的田间管理能创造一种适于蔬菜作物生长发育且有效抑制相应病虫害发生的环境条件，是控制病虫害发生的重要措施，如控制温度、湿度，改善田间小气候，合理安排播种期，调节设施内的环境等。

1. 蔬菜收获后深耕晒田或引水浸田

对土壤进行处理，杀死部分病原菌和虫卵是积极有效的防治方法。深耕晒田或引水浸田可以杀灭潜伏在病残体或土壤中的多数病虫源，有效减少田间病原菌和虫口基数，从而减少作物病虫害的发生，必要时可以结合大田药剂淋地等处理。例如，夏季高温时（7—9 月），每用稻草 500~1 000 千克，切成 3~5 厘米的段，与生石灰 50~100 千克混合撒于土表，然后深翻作高畦（30 厘米以上），灌水至饱和，然后盖上透明地膜密封，在高温强光照下，维持 15~20 天，可杀死土中多种

深耕晒田

病虫。

2. 合理安排蔬菜作物的轮作和套种

大部分菜区年年种植，又不可能年年用新地，由于病原菌和昆虫在土壤中的残留与寄居，使得蔬菜作物在连作条件下病虫害发生往往更加严重。为了减轻病虫发生，必须根据不同病原菌和昆虫对寄主作物种类的选择性，与不同类作物之间轮作，最好与水稻轮作。若不可能，也要与不同类型的蔬菜轮作，如瓜类与叶菜类，茄果类与豆类等轮作。对于一些顽固的土传性病害如瓜类枯萎病等，必须延长轮作时间才能奏效。此外，大蒜、小葱的根系分泌物质具有杀菌作用，可在休闲期种植小葱、大蒜。实行合理的轮作，不仅有利于蔬菜作物生长，并且因为病虫的为害对象不同，可以明显减少土壤中的病原菌数量及恶化害虫的食料条件。

3. 清洁田园

蔬菜收获后，要及时清理田间残株、败叶和杂草，并集中烧毁或深埋，不给病虫生活的寄主，这些都是防止病虫害传播的有效手段。在蔬菜生长季节，要结合整枝及时拔除病株、摘掉病叶及受病虫为害的果实，并将其集中深埋或烧毁，切忌在田埂乱扔或扔入水沟，以免病虫害再次形成新的为害高峰，到头来害人害己。清理病残体时注意减少作物的机械损伤，避免人为传染病虫害。茄果类作物在田间操作禁止吸烟，以免人为传播病毒病。清理田间及周围枯枝、败叶及有害杂草，有意识发展有利于有益生物栖息的生态环境，恶化病虫害生存空间，减少病虫害为害概率，提高田间自然天敌的控制作用。

4. 加强田间水肥及栽培管理

蔬菜根系对水分要求较严，应清沟沥水，降低地下水位。高的地下水位，土壤湿度大，极易引发各种病害。应利用干净水淋菜，排灌分渠，避免串灌、漫灌，有可能的话采用喷灌、滴灌技术。在病害发生期注意控制浇水，避免部分病菌通过浇水传播，必要时结合药剂防治。施肥要在增施有机肥的基础上，再按各种蔬菜对氮、磷、钾元素养分需求的适宜比例施用化肥，防止超量偏施氮素化肥，严格氮肥施用安全间隔期。要施足底肥，勤施追肥，结合喷施叶面肥，杜绝使用未腐熟的有机肥。氮肥过多会加重病虫害的发生，如茄果类蔬菜绵疫病、烟青虫等为害加重。施用未腐熟有机肥，可招致蛴螬等地下害虫为害加重，并引发根、茎基部病害。

在蔬菜生长过程中，必须加强田间栽培管理，推广深沟窄畦、高畦，做到雨停畦干，避免田间积水，可减轻病害发生。茄子、番茄适当的稀植，可以使植株通风透光，减轻病虫害，还能提高品质；合理密植辣椒，在高温季节到来前封行，避免土壤暴晒，有利于根系发育，可明显减轻病毒病。此外，应大力发展遮阳网（降温保湿）或薄膜（保温保湿）等应用技术，促成作物的早生快长并可防止外来病虫源的侵染，在寒冷的冬季和炎热的夏天更可显示出其优点，银灰色膜还可起到避蚜虫的作用。例如采用地膜覆盖栽培，提早定植适龄番茄，可提前收获番茄，减轻病毒病、青枯病为害。

（五）采用嫁接和脱毒种苗防病

嫁接育苗主要是预防土传病害，增强植株的长势，提高抗寒、抗旱能力。 瓜类、茄果类蔬菜采用嫁接技术可有效地防治瓜类枯萎病、茄子黄萎病、番茄青枯病等多种病害，如用黑子南瓜等做砧木嫁接防治黄瓜枯萎病，用葫芦等做砧木嫁接防治西瓜枯萎病，用野茄等做砧木嫁接防治茄子黄萎病等。脱毒种苗繁育技术是防治病毒病的最有效方法，采用马铃薯、甘薯等脱毒种苗防治病毒病已大面积推广应用，并取得良好效果。

二、生物防治

利用生物天敌或性诱剂防治蔬菜病虫害，做到以虫治虫，以菌治菌，以菌治虫，既可达到防治蔬菜病虫害的目的，又可不用或少用化学农药，减少污染。

（一）充分利用田间原有的天敌控制病虫害的发生

如利用瓢虫等捕食性天敌和赤眼蜂等寄生性天敌防治害虫。多种捕食性天敌（包括瓢虫、草蛉、蜘蛛、捕食螨等）对蚜虫、叶蝉等害虫起着重要的自然控制作用。寄生性天敌昆虫应用于蔬菜害虫防治的有丽蚜小蜂（防治温室白粉虱）和赤眼蜂（防治菜青虫、棉铃虫）等。我们应当建立稳定的天敌群落，包括鸟类、青蛙、蜘蛛、昆虫、螨类、真菌、细菌、病毒等，创造有利于田间天敌发生的栖息环境，恶化病虫发生条件。必要时从外地引进天敌，进行繁殖和释放，以加强对病虫害的控制力度，如引进捕食性螨类防治有害的螨类等。利用天敌控制病虫害的发生，是一种经济有效的生物防治途径。

（二）积极推广生物生化农药，利用细菌、病毒、抗生素等生物制剂控制病虫害

如 Bt 制剂防治蔬菜害虫，苦参碱防治菜青虫、豆野螟等，阿维菌素防治小菜蛾、菜青虫、美洲斑潜蝇等，核型多角体病毒、颗粒体病毒防治菜青虫、斜纹夜蛾、棉铃虫等，农用链霉素、新植霉素防治多种蔬菜的软腐病、角斑病等细菌性病害。但是，由于生物生化农药往往效果较慢，虽有着广阔的发展前景和较大的生态效益，但与菜农的用药习惯仍存在着较大差距，目前未能全面使用，必须进一步加强生物生化农药的宣传推广力度，结合提高菜农的用药水平，进一步拓宽生物生化农药的生存空间和竞争能力。

三、物理机械防治

主要是利用各种物理因素、人工或器械作用对病虫的生长、发育、繁殖等进行干扰，减轻或避免其对作物的为害，包括设施防护，机械阻隔，光、温、诱杀，人工去除等。物理机械防治往往结合在农业防治当中，很多方法没有截然分开。

（一）设施防护，机械阻隔

大棚或小拱棚上覆盖塑料薄膜、遮阳网、防虫网等，抗御台风暴雨、冰雹的自然灾害，还有增湿降温的效果。防虫网隔离栽培蔬菜，基本上能免除菜青虫、甜菜夜蛾、斜纹夜蛾、棉铃虫、豆角螟、瓜绢螟、黄曲条跳甲、蚜虫、美洲斑潜蝇等多种害虫的为害，控制由于害

虫的传播而导致的病毒病的发生，最适合夏、秋季病虫害发生高峰季节的蔬菜栽培或育苗用。在夏、秋季节，还可利用大棚闲置期，采取覆盖塑料薄膜密闭大棚，选晴日高温闷棚 5~7 天，使棚内最高气温达 60~70℃，可有效杀灭棚内及土壤表层的病菌和病虫。

（二）人工机械捕杀

当害虫发生面积不大，不适于采用其他防治方法时，可进行人工捕杀。如菜地发现地老虎、蛴螬为害后，可在被害株及株根际扒土捕捉，或利用其假死习性震动植株，使其掉落而捕杀。对活动性较强的害虫也可利用各种捕捉工具如捕虫网进行捕杀。斜纹夜蛾产卵集中，可人工摘除卵块等。

（三）利用某些昆虫对光谱的趋性或负趋性，诱杀或拒避害虫

1. 灯光诱杀害虫

利用害虫对光的趋性，用白炽灯、高压汞灯、黑光灯、频振式杀虫灯等进行诱杀。如夜蛾、螟蛾、毒蛾、菜蛾等几十种蛾类，以及金龟子、蝼蛄、叶蝉等害虫可用黑光灯诱杀，在害虫成虫发生期，每亩设一盏黑光灯，每晚 21：00 开灯，次晨关灯，在无风、闷热的夜晚诱虫量最多，尤其在夏、秋季害虫发生高峰期对蔬菜主要害虫有良好的诱杀效果。

灯光诱杀害虫

2. 色板、色膜驱避、诱杀害虫

黄色对蚜虫有强大的引诱力。在蚜虫为害较严重的地方使用黄板诱杀可使菜蚜晚发生半个月左右，以后蚜虫量也很少，因为病毒病是靠有翅蚜虫传播感染的，因此还可以减轻病毒病的发生。黄板为塑料

薄膜或塑料薄板制成，一般为长方形，两面涂机油引诱蚜虫前往，当虫黏满板面时，及时重涂黏油，一般 7~10 天重涂 1 次。设置田间高度不超过 1 米，略高于菜株，每亩地设 8 块。用黄色捕虫板还可诱杀白粉虱、美洲斑潜蝇等。用蓝色捕虫板可诱杀棕榈蓟马。

色板诱杀害虫

银灰色膜有驱蚜虫的作用，在田间铺设或悬挂银灰色膜可驱避蚜虫，在夏、秋季蔬菜培育易感染病毒病的番茄、辣椒、南瓜等菜苗时，用银灰色的遮阳网覆盖育苗，可以减少病毒病的发病率。

银灰色膜驱避蚜虫

（四）性诱剂诱杀害虫

利用某些昆虫的性诱剂，扰乱昆虫的正常交配和繁殖，从而减少害虫种群密度。在害虫多发季节，每亩菜田放水盆 3~4 个，盆内放水和少量洗衣粉或杀虫剂，水面上方 1~2 厘米处悬挂昆虫性诱剂诱芯，可诱杀大量前来寻偶交配的昆虫。一般情况下，性诱芯 15 天更换 1 次，在高温干旱时，可适当缩短时间。目前已商品化生产的有斜纹夜蛾、甜菜夜蛾、

性诱剂诱杀害虫

小菜蛾等的性诱剂诱芯。

（五）食物趋性诱杀和栖境诱杀

利用成虫对食物的优选趋性，在田间安置人工食源进行诱杀，或种植蜜源植物进行诱杀。先将 5 千克花生麸或麦麸做成饵料炒香，将 90% 晶体敌百虫 30 倍液 150 克、白糖 250 克、白酒 50 克与 5 千克温水拌匀，然后将冷却的花生麸或麦麸倒入配好的混合液拌匀。选在晴天傍晚将药剂撒在蔬菜行间、苗根附近，可防治蝼蛄、地老虎等地下害虫。或用新鲜泡桐叶、莴苣叶，每亩放 60~80 片，下午放上，次晨捕捉，连续 3~5 天，可大量诱杀地老虎幼虫。还可利用害虫的昼伏夜出习性，人为在田间模拟设置害虫栖境进行诱杀。

四、化学防治

化学防治是一种辅助手段，科学、合理使用可促进蔬菜生产的顺利进行。在病虫防治必要时，可选用高效、低毒、低残留的农药，严禁使用高毒、高残留的农药。严格按照农药安全使用标准，掌握安全间隔期。做到对症下药、适时适量用药、交替用药、混合用药，延缓病虫抗药性。

（一）农药使用的方法

1. 掌握病虫种类区分，做到对症下药

蔬菜病虫害种类较多，需正确辨别和区分有害生物的种类，然后根据不同对象选择适用的农药品种。蔬菜病害分真菌性病害、细菌性病害和病毒性病害，这三大类病害的用药不同，搞错了药就无效了。蔬菜害虫也分为昆虫类、螨类（蜘蛛类）、软体动物类三大类型。昆虫类中依其口器不同，分成刺吸式口器害虫和咀嚼式口器害虫，必须根据不同的害虫采用不同的杀虫剂来防治。只有选择对症的农药，才能奏效。

2. 加强病虫测报，预防为主，选择有利时机进行防治

加强病虫情况调查、测报，掌握病虫发生动态，预防为主。如防治瓜类枯萎病、茄果类青枯病等土传病害，必须以预防为主，针对其

病原菌是从移苗时根部伤口侵入的特性，选择有利时机进行防治，在移苗时结合淋定根水用 15% 恶霉灵水剂、3.2% 甲霜·恶霉灵水剂或 23% 络氨铜等药液灌根预防瓜类枯萎病，用 50% 氯溴异氰尿酸、23% 络氨铜、20% 噻森铜等药液灌根预防茄果类青枯病，开花结果前淋施一次巩固，防治效果非常好。疫病的发生则与下雨有很大的关系，发病前施药，雨前施药预防，雨后发现病株及时拔除并立即施药，连续下雨抢晴施药。只有抓住有利时机进行防治，才能达到理想的效果。

各种害虫的习性和为害期各有不同，其防治的适期也不完全一致。例如防治一些鳞翅目幼虫，如斜纹夜蛾幼虫、甜菜夜蛾幼虫等，一般应在 3 龄前（即大部分幼虫进入 2~3 龄时）防治。此时虫体小，为害轻，抗药力弱，用较少的药剂就可发挥较高的防治效果。而害虫长大以后，不仅为害加重，而且外表角质化，抗药性增强，用药必然增加。如果用药过早，由于药剂的残效期有限，有可能先孵化的害虫已被杀死，而后孵化的害虫依然为害，而不得不进行第二次防治。因此要达到适时用药，就要有准确的虫情测报，力求在适宜的时间内进行施药，控制其为害。

3. 掌握防治指标，适期、适量用药防治

农作物生长期间随时都可见到少数病害和虫害。一见到田间有病虫为害就用药防治，往往不经济，也是不必要的。因为每一种病虫草害，都要达到一定的防治指标时才有必要用药剂防治，病虫害不达标，说明不必用药剂防治。各种农药对防治对象的用药量都是经过试验后确定的，因此在生产中使用时不能随意增减。提高用量不但造成农药浪费，而且也造成农药残留量增加，易对蔬菜产生药害，导致病虫产生抗性，污染环境；用药量不足时，则不能收到预期防治效果，达不到防治目的。为做到用药量准确，配药时需要使用量杯、量筒、小秤等称量器具。一般的农药使用说明书上都明确标有该种农药使用的倍数或亩用药量，应遵循此规定。

4. 合理交替轮换用药，正确复配，控制、延缓抗药性产生

在同一地区，长期单一地使用某一种农药，必然会导致防治对象产生抗药性，引起防治效果下降。因此不要发现某种农药效果好就长

期使用，即使发现防效已下降，也不更换品种，而采用加大剂量的方法，结果药量越大，病虫抗性越强，继而再加大药量，造成恶性循环。要注意因地、因时、因病虫制宜，农户可根据防治对象把 3~4 种不同剂型和杀虫机理的农药交替轮换使用。合理轮换使用不同种类的农药是控制、延缓抗药性产生的重要措施之一。

农药合理地混合使用，具有防治多种病虫害、提高防效、节省劳力等优点，但农药不能随意混用，否则不但达不到混用效果，还会引起作物药害和毒害加重。农药混用要遵循下面几个原则：一是混合后不发生不良的物理化学变化，如沉淀等。根据农药在水中的酸碱度不同，可将其分成酸性、中性和碱性三类，在混合使用时，要注意同类性质的农药相混配，中性与酸性的也能混合。二是混合后对作物无不良影响。注意混用后对作物是否产生药害。三是混合后不能降低药效，成本不会增加。有些农药混合没有丝毫价值，如同样的防治作用，同样防治对象的药剂加在一起。

（二）药剂的选用原则

（1）所有使用的农药都必须经过农业部农药检定所登记，严禁使用未取得登记和没有生产许可证的农药，以及无厂名、无药名、无说明的伪劣农药。

（2）禁止在蔬菜上使用甲胺磷、水胺硫磷、杀虫脒、呋喃丹、氧化乐果、甲基 1605（1059）、苏化 203（3911）、久效磷、磷胺、磷化锌、磷化铝、氯化物、氟乙铣胺、砒霜、溃疡净、氯化苦、五氯酚、二溴丙烷、401、氯丹、毒杀酚和一切汞制剂农药，以及其他高毒、高残留等农药。

（3）尽可能选用无毒、无残留或低毒、低残留的农药，优先选择生物农药或生化制剂农药。还可使用土方农药，如喷 1% 的碳酸氢铵溶液可防治黄瓜霜霉病，喷 2% 的小苏打可防治瓜类白粉病，喷 2%~3% 的过磷酸钙溶液可防治青椒上的棉铃虫和烟青虫。

（三）农药安全使用准则

（1）喷洒过农药的蔬菜，一定要过安全间隔期才能上市。各种农药的安全间隔期不同。一般来说，喷洒过化学农药的菜，夏天要过7天、冬天要过10天才可以上市。

（2）农药使用要按照说明书的规定，掌握好农药使用的范围、防治对象、用药量、用药次数等事项，不得盲目私自提高使用浓度。

（3）喷洒农药要遵守农药安全规程，在配药、喷药过程中，必须注意以下几点：

配药人员要戴胶皮手套，严禁用手拌药。拌种要用工具搅拌，用多少，拌多少。拌过药的种子如果手撒或点种时，必须戴防护手套，以防皮肤吸收农药中毒。使用手动喷雾喷药时应隔行喷，大风和中午高温时应停止喷药。喷药前应仔细检查药械的开关、接头、喷头等处螺丝是否拧紧，喷头如发生堵塞，应先用清水冲洗后再排除故障，绝对禁止用嘴吹吸喷头和滤网。盛过农药的包装空箱、瓶、袋等要集中处理。

施药人员要穿长袖上衣、长裤和鞋、袜。在操作时禁止吸烟、喝水、吃东西，不能用手擦嘴、脸、眼睛。每日工作后喝水、抽烟、吃东西之前要用肥皂彻底洗手、脸并漱口。患皮肤病及其他疾病尚未恢复健康者，以及哺乳期、孕期、经期的妇女暂停喷药。操作人员如有头痛、头昏、恶心、呕吐等症状时，应立即离开施药现场，脱去污染的衣服，漱口，擦洗手、脸和皮肤等暴露部位，及时送医院治疗。

参 考 文 献

陈碧琳，邱汉林，叶晓青，等，1989. 岭南名优蔬菜栽培技术 [M]. 广州：科学普及出版社广州分社 .

顾耘，李桂舫，张迎春，2003. 豆类蔬菜病虫害诊断与防治原色图谱 [M]. 北京：金盾出版社 .

关佩聪，1994. 瓜类生物学和栽培技术 [M]. 北京：中国农业出版社 .

关佩聪，1993. 广州蔬菜品种志 [M]. 广州：广东科技出版社 .

李曙轩，1990. 中国农业百科全书：蔬菜卷 [M]. 北京：中国农业出版社 .

刘富中，2001. 茄子优良品种与实用栽培技术 [M]. 北京：中国劳动社会保障出版社 .

龙静宜，林黎奋，侯修身，等，1989. 食用豆类作物 [M]. 北京：科学出版社 .

龙静宜，汪自强，常显民，等，2002. 食用豆类种植技术 [M]. 北京：金盾出版社 .

吕佩珂，李明远，吴钜文，等，1992. 中国蔬菜病虫原色图谱 [M]. 北京：农业出版社 .

吕佩珂，刘文玲，段半锁，等，1996. 中国蔬菜病虫原色图谱续集 [M]. 呼和浩特：远方出版社 .

尚庆茂，张志斌，2008. 构建工厂化育苗网络　促进现代蔬菜产业发展 [J]. 中国蔬菜，（9）：1~4.

宋元林，王兰平，张真亮，1997. 冬瓜、西葫芦、南瓜、丝瓜栽培新技术 [M]. 北京：中国农业出版社 .

王久兴，孙成印，李清云，等，2005. 蔬菜病虫害诊治原色图谱（豆类分册）[M]. 北京：科学技术文献出版社 .

张宝棣，2002. 蔬菜病虫害原色图谱（豆类、葱蒜类、多年生蔬类）[M]. 广州：广东科技出版社 .

张绍文，2007. 工厂化集中育苗，分散种植，是当今蔬菜生产发展的必然趋势 [J]. 中国瓜菜，（6）：60.

张长远，王利娃，2002. 蔬菜育苗新技术 [M]. 广州：广东科技出版社 .

赵路生，周永保，2006. 发展工厂化设施育苗 促进蔬菜产业发展 [J]. 云南农业，（10）：10.
中国农业科学院蔬菜花卉研究所，1987. 中国蔬菜栽培学 [M]. 北京：农业出版社 .
邹学校，2009. 辣椒遗传育种学 [M]. 北京：科学出版社 .